사양합니다, 그런 엄마표 영어

사양합니다, 그런 엄마표 영어

초 판 1쇄 2021년 05월 25일

지은이 김효원
펴낸이 류종렬

펴낸곳 미다스북스
총괄실장 명상완
책임편집 이다경
책임진행 박새연, 김가영, 신은서, 임종익

등록 2001년 3월 21일 제2001-000040호
주소 서울시 마포구 양화로 133 서교타워 711호
전화 02) 322-7802~3
팩스 02) 6007-1845
블로그 http://blog.naver.com/midasbooks
전자주소 midasbooks@hanmail.net
페이스북 https://www.facebook.com/midasbooks425

© 김효원, 미다스북스 2021, *Printed in Korea*.

ISBN 978-89-6637-913-2 03590

값 **15,000원**

사양합니다, 그런 엄마표 영어

김효원 지음

미다스북스

프롤로그

엄마표 영어를 하며 자꾸만 흔들거리는 엄마들을 꼭 안아주고 싶어 쓴 책입니다. 아이를 너무 사랑해서, 아이에게 멋진 미래를 선물해주고 싶은 우리 엄마들. 하지만 아이를 키우는 과정은 정말 어렵습니다. 인내의 연속이죠.

아이가 갓 태어났을 때 '이 작은 생명을 어떻게 잘 키워낼까?' 하는 무거운 책임감을 느꼈던 적이 다들 있을 겁니다. 아이가 어리면 어린 대로, 또 크면 크는 대로 우리 엄마들은 올바른 선택을 하기 위해 고군분투하지요.

건강히 자라기만 하면 좋겠다는 마음에는 어느새, 학업에 대한 걱정, 영어에 대한 걱정이 한편에 자리 잡게 됩니다. 우리가 힘들게 영어를 공부했던 시절을 물려주지 않기 위해 '엄마표 영어'라는 홈스쿨링 방법에 눈을 뜨게 되고요.

책의 1장에서는 엄마표 영어를 시작하는 엄마들의 마인드를 점검해볼 수 있는 내용을 담았습니다. 그리고 엄마표 영어에 관해 엄마들이 흔히 가질 수 있는 몇 가지 오해를 풀어보고자 했습니다. 여러분도 각자의 엄마표 영어에 관한 생각들을 정립해나가셨으면 좋겠습니다.

2장에서는 영어도 한국어와 같은 소통 수단일 뿐임을 밝히면서 언어를 습득하는 원리에 대해 언급하였습니다. 독자 여러분이 엄마표 영어의 원리를 깨닫고, 핵심 줄기를 파악할 수 있는 시간이 되기를 바랍니다. 더 나아가 엄마들이 영어에 대한 두려움을 해소할 수 있을 것입니다.

3장은 영어를 좋아하는 아이로 만들 수 있는 8가지 원칙을 실었습니다. 이 장에서는 우리 아이들이 몸과 마음이 건강한 아이로 자라야 함을 강조합니다. 그리고 엄마들의 긴 엄마표 영어 여정을 단단히 붙잡아줄 필수적인 마음가짐을 담았습니다.

4장에서는 저의 엄마표 영어를 실천 사례들을 소개합니다. 저의 20년 영어공부의 역사를 함께 녹여낸 장이라고 할 수 있습니다. 제가 알고 있는 영어공부 노하우를 바탕으로 우리 집만의 엄마표 영어가 탄생했다고 봐도 무방합니다. 저의 사례를 통해 여러분이 바로 실천할 수 있는 것, 혹은 놓치고 있었던 것을 발견하실 수 있을 겁니다. 여러분만의 멋진 엄마표 영어를 창조해나가기를 진심으로 바랍니다.

마지막 5장은 엄마들의 행복한 엄마표 영어를 위한 조언을 담았습니다. 엄마표 영어는 마라톤과 같습니다. 이런 엄마표 영어를 꾸준히 이어갈 방법은 무엇보다도 확고한 목표의식을 갖는 것이겠지요. 그러나 엄마의 목표에 아이가 헐떡거리지 않기를 소망합니다. 많이 늦더라도 아이와 걸음을 맞춰가는 여정이 되면 좋겠습니다. 영어보다 더 중요한 건 엄마와 아이와의 사랑이고 추억일 테니까요.

이 책은 아빠표 영어를 시작으로 한 저의 영어 역사 20년과 우리 삼 남매에게 이어진 엄마표 영어를 담았습니다. 독자 여러분의 엄마표 영어 여정이 외롭지 않기를 바랍니다. 그리고 아이를 위해 노력하는 여러분의 걸음걸음이 박수받는 여정이 되기를 진심으로 기도합니다. 앞으로 유튜브, 인스타그램, 블로그, 카페 등을 통해 저와 즐겁게 소통하며 함께 좋은 시너지를 주고받기를 기다리고 있겠습니다.

책이 나오기까지 우리 삼 남매를 돌보느라 고생한 10년지기 단짝, 우리 남편에게 첫 감사를 전합니다. 한결같이 제 곁을 지켜주어 정말 고맙습니다. 그리고 이 책을 쓸 수 있었던 이유이자, 제 인생의 보석들, 삼 남매에게 깊은 사랑을 전합니다. 그리고 저의 친구이며 엄마 같은 존재인 언니에게 큰 사랑을 전합니다. 한결같이 우리 언니를 사랑해주는 형부에게도 감사를 전합니다.

저에게 한없이 즐거웠던 영어공부의 시작을 열어준, 지금은 하늘나라에 계신 아빠에게 깊은 감사를 표합니다. 우리 삼 남매에게 행복한 엄마표 영어를 할 수 있게 해주신 장본인입니다. 저와 언니를 위해 평생을 희생하신 아빠에게 영광을 돌립니다.

그리고 제 안의 보물을 발견할 수 있도록 처음부터 끝까지 도와주신 저의 스승, 김도사(김태광) 코치님께 영광을 돌립니다. 코치님의 도움으로 용감하게 책 쓰기에 도전할 수 있었습니다. 진심으로 감사드립니다. 그리고 저의 첫 책을 높게 평가해주신 미다스북스에도 깊은 감사를 전합니다.

마지막으로 저를 믿고 지지해주시며 물심양면으로 우리 가족을 도와주시는 우리 시부모님께 큰 감사와 사랑을 전합니다. 고맙습니다.

2021년 5월, 김효원

목차

ENGLISH

2장 엄마, 한국말은 그렇게 안 배웠잖아요

3장 영어를 좋아하는 아이로 만드는 원칙

4장 아이의 즐거운 영어 습관 만드는 8가지 기술

5장 영어의 바다를 본 아이들은 다르다

ENGLISH

ENGLISH

1장

그런
엄마표 영어는
사양합니다

엄마의 욕심은
위태로운 조기교육으로
이어진다

우리 둘째 딸이 다섯 살이었을 때였다. 우리 딸과 동갑인 아이 엄마를 우연히 사귀게 되었다. 그 엄마는 대학에서 정치를 전공했고 직업도 탄탄했다. 딱 봐도 야무진 엄마였다. 우리는 비슷한 시기에 엄마표 영어를 시작했다. 우리는 나이도 비슷했고 엄마표 영어에 관심이 많았다. 그래서 대화가 잘 통했다. 어느 날 아이 엄마와 나는 이야기를 나누게 되었다. 아이 엄마가 갑자기 자기 이야기를 했다.

"어제 아이랑 수학 공부를 하다가 아이 머리를 콩 쥐어박았어요. 못 알아듣는 게 너무 답답해서요."

나는 겉으로 표현은 안 했지만 사실 적잖이 당황했다.

'다섯 살 아이가 모르면 얼마나 모른다고 머리를 때리지? 꿀밤 맞은 아이 마음은 어땠을까? 다섯 살이 경험하기에는 너무 빠른 좌절이 아닐까? 나는 다섯 살 때 뭘 했지? 우리 둘째는 아직 숫자도 잘 모르는데….'

생각에 생각이 꼬리를 물었다. 처음에는 내가 이상한 건지, 이 엄마가 이상한 것인지 혼란스러웠다. 나는 다섯 살 아이에게 수학 문제집을 풀라고 시킬 생각을 안 해봤다. 그리고 아이가 수학을 이해 못 해도 머리를 쥐어박을 생각은 안 했을 것이다. 왜 이 엄마는 사랑하는 아이에게 그럴 수밖에 없었을까?

여러분은 엄마표 영어를 왜 시작하려고 하는가? 이미 엄마표 영어를 진행하고 있는 엄마라면 엄마표 영어를 왜 하고 있는지 궁금하다. 엄마표 영어를 할 때 영어에서 가장 필요한 것이 무엇이라고 생각하는가? 영어 영상 목록? 난이도별 원서 그림책 리스트? 독서 후 아이와 함께할 활동지 모음?

나는 아니라고 생각한다. 정보는 차고 넘친다. 그러나 아이들이 걸린 문제다. 내가 잘못 선택한 교육 방향이 아이들에게 상처를 줄 수 있다.

아이가 오히려 영어에 등을 돌려버릴 수도 있다. 영어는 잘하지만, 자신 감은 없는 아이로 자랄 수도 있다. 영어를 통해 아이가 세계로 뻗어나가 기를 기대하지만, 아이의 자존감은 낮아질 수 있다. 영어에 좌절감을 맛 본 아이들이 그렇다.

나는 엄마들이 먼저 엄마표 영어를 하려는 이유가 무엇인지 깊이 생각 해보면 좋겠다. 엄마표 영어를 하려는 엄마의 의도와 목적을 먼저 점검 해보기를 권한다. 그러면 엄마들은 우리 아이들에게 제대로 엄마표 영어 를 할 수 있다. 바른 엄마표, 행복한 엄마표 영어 말이다.

이 엄마는 수학을 공부시키며 아이를 답답하게 생각했지만, 그것이 영 어로 옮겨가는 것은 어렵지 않다. 나는 비단, 이 사례가 그 엄마만의 일 이라고 생각하지 않는다. 우리도 종종 아이들의 자존감에 상처 주는 일 을 하곤 한다. 그럴 수밖에 없는 생각의 체계를 엄마 머릿속에 갖고 있기 때문이다. 왜 우리는 고작 영어 때문에, 공부 때문에, 아이의 자존감을 무너뜨리는가. '뭣이 중헌디' 아이 인생에 욕심을 내는가.

엄마의 마음이 잘못된 방향을 향해 있으면 멀리, 오래 가면 갈수록 손 해다. 엄마가 영어를 공부하며 받았던 부정적 기억, 상처를 아이에게 그 대로 물려줄 수 있다. 왜 우리 아이 영어에, 인생에 욕심이 생기는 것인가? 아이는 나보다 더 잘 살았으면 하는 마음인가? 우리 아이는 나보다 능력을 더 갖춰서 더 많은 기회를 얻으면 좋겠는가? 하지만 이런 엄마의 소망이 오히려 아이의 기회를 제한할 수도 있지 않을까?

만일 엄마가 아이의 인생에 욕심이 생긴다면 그건 엄마의 자존감에 비상등이 켜진 것이다. 엄마 인생에 만족한다면 아이 인생에 욕심부리지 않는다. 엄마처럼 잘 살 것이라 그냥 믿는다. 고작 영어 하나 못해서 인생이 실패할 것이라는 생각을 감히 할 수가 없다.

엄마의 생각을 먼저 점검해보자. 그러지 않으면 엄마표 영어를 하다가 위의 엄마처럼 아이의 머리에 꿀밤을 줄지도 모른다. 엄마가 이상한 엄마라서가 아니다. 단지 엄마의 에너지가 잘못된 방향으로 흐르고 있어서 그렇다. 그래서 지혜로운 엄마는 육아하며 자신을 살펴볼 줄 안다. 아이를 잘 키우기 위해 엄마 마음의 장애물들을 걷어내는 것을 먼저 한다. 이런 과정을 통해서 엄마는 계속 성장한다. 아이들이 성장하듯, 엄마도 아이처럼 '엄마 나이'를 먹는다.

적어도 이 책을 읽고 있는 엄마들이라면 아이의 행복을 위해 고민하고 행동하는 엄마임이 틀림없다. 그리고 자신의 마음 정도는 돌아볼 수 있는 엄마들일 것이다. 그래서 나는 여러분을 만나 너무 반갑고 기쁘다.

반면에 자신의 성장에 관심이 없는 엄마들은 어떨까? 그런 부류의 엄마들은 사실 이런 종류의 책을 읽지 않는다. 딱 떨어지는 정보가 아니면 굳이 자신을 성찰하고 변화시켜야 하는 일을 시작하지 않는다.

솔직히 말하면 나는 그런 부류의 엄마들과는 잘 어울리지 않는다. 그런 사람들과 이야기를 나눠보면 자신의 이야기는 쏙 빠져 있다. 아이를 위해 자신이 한 일들만 열거한다. 아이의 발달상태는 꿰고 있지만 정작 본인의 상태는 잘 모른다. 그래서 마음에 여유가 없고 메말라 있다.

그런 사람들은 남의 이야기를 들어줄 여유가 없다. 에너지를 자신에게 쏟지 못해 에너지가 부족한 상태이다. 누군가가 자신을 이해해주기만 기다린다. 당연히 인간관계도 잘 안 풀린다. 자신이 스스로에게 해주지 못하는 일을 누가 해줄 수 있단 말인가. 사람들에게서 왠지 모를 따가운 시선을 받게 되는데 자신은 잘 모른다. 이런 사람들은 만나면 만날수록 내 힘이 빠진다.

그런 엄마를 만나면 좋은 점이 하나 있기는 하다. 나는 저런 엄마가 되지 말자는 깨달음을 얻는 것. 자신을 제대로 돌보는 사람은 자기가 가진 에너지 자원을 자신과 타인에게 바르게 사용한다. 그런 사람과 있으면 행복하다. 자꾸 만나고 싶다.

자, 이제 제대로 된 엄마표 영어를 시작하기 전에 이것부터 해보자. 엄마의 마음을 먼저 점검해보자. 종이 한 장을 꺼내 아래 10가지 질문에 편안하게 답해보자. 읽고 넘어가지 말고 직접 써보며 대답해보자.

- 아이에게 왜 영어가 중요할까?
- 나는 왜 우리 아이가 영어를 잘했으면 하는가?
- 나는 영어를 어떻게 느끼는가?
- 우리 아이가 좋아하는 것은 무엇인가?
- 아이의 재능은 무엇인가?
- 아이의 성과와 성취는 나와 어떤 관계가 있는가?
- 나는 아이의 성공을 어떻게 느끼는가?
- 나는 내 인생에 만족하고 행복한가?
- 내가 이루고 싶은 목표는 무엇인가?
- 우리 아이는 지금 행복한가?

여러분이 위의 질문에 진심으로 답해보면 좋겠다. 만일 했다면 여러분에게 바른 엄마표 영어가 시작되었다고 믿어도 좋다. 앞으로 엄마표 영어를 하는 10년 동안은 엄마가 스스로 되뇌어봐야 할 질문들이다. 엄마표 영어를 하는 엄마 중에 방법이나 자료 구하는 법을 몰라서 도중에 그만두는 경우는 거의 없다. 엄마가 아이와 갈등을 겪거나 스스로 동기부

여가 되지 않아 그만두는 경우가 대부분이다.

엄마표 영어를 하기 전, 엄마는 우선 자신과 우리 아이, 그리고 영어에 대해 생각해보는 것이 필요하다. 아이와 매끄럽게 엄마표 영어가 진행되지 않는다면 해결의 열쇠 또한 엄마가 가지고 있음을 기억하자.

MBC에서 방영했던 〈공부가 머니?〉라는 프로그램을 들어본 적이 있는가? 1급 교육 기법들을 소개한다고 해서 나도 관심을 두고 시청하곤 했다. 한 연예인 부부가 나왔는데 이 사례가 너무 충격적이었다. 이 엄마는 아이 조기교육을 심하게 시켰다고 했다.

이 아이는 세 살 때부터 학원에 다니기 시작했다. 수영, 영어, 국어, 논술, 수학, 미술 등 8개 학원에 다녔다고. 주로 영어를 많이 배웠는데 어릴 적에 이미 영어로 대화가 가능할 정도였다. 그리고 아이는 영어 노래와 알파벳을 줄줄 외워 불렀다고 한다.

그런데 어느 날 갑자기 엄마와 눈을 마주치지 않았단다. 수업시간이 되면 도망가고 유치원에서 음식물을 주머니에 넣어 오기도 했다고. 병원에서는 아이에게 실어증 진단을 내렸다. 결국, 엄마는 모든 교육을 중단했다. 지금은 학교 성적 중에 영어만 점수가 제일 낮다. 엄마의 욕심이 아이에게 어떤 영향을 미치는지 알 수 있는 사례이다. 나는 이 방송을 보고 마음이 아팠다. 아이가 얼마나 스트레스가 심했으면 자기의 입을 닫아버렸을까 싶었다. 그리고 이 부모는 그런 아이를 보며 얼마나 후회했을까. 아이를 재우고 얼마나 많은 눈물을 흘렸을까.

부모의 '착한 마음'이 아이에게 언제나 좋은 영양분이 되지는 않는다. 아이는 음식을 씹을 준비가 되지도 않았는데 아이에게 고기를 들이미는 엄마는 되지 말아야 한다. 그러나 교육에서만큼은 이런 일이 종종 일어난다. 아이의 인생에 욕심을 내면 아이의 마음 밭을 망쳐버리게 되는 법이다. 얼핏 보면 잘 가는 것 같지만 멀리 돌아갈 수도, 길을 잃을 수도 있다. 영어를 아무리 잘한다 한들 아이가 자신을 잃어버리면 무슨 의미가 있을까? 자기 자신을 존중받지 못한 아이가 커서 부모를 사랑할 수 있을까? 자신을 귀하게 여길 수 있을까?

엄마의 인생과 아이의 인생은 엄연히 분리되어 있다. 자신의 인생을 잘 살아가는 엄마라면 어렵지 않게 선을 지킨다. 아이의 성공을 통해 엄마가 자아실현을 하는 비극만큼 슬픈 일은 없다. 아이는 엄마의 인생을 대신 살아주는 존재가 아니다.

자식 농사가 가장 어렵다는 말이 있다. 아이 셋을 키우는 엄마로서 한 명도 쉽게 육아했던 적이 없었다. 아이들은 엄마의 말과 행동이 엄마의 욕심인지, 사랑인지 단번에 안다. 그래서 엄마의 마음이 정돈돼야 육아가 잘 풀린다. 아이는 엄마의 사랑과 신뢰가 바탕에 깔려 있지 않으면 절대 부모 말을 듣지 않는다.

아이의 생후 첫 3년, 36개월을 놓쳐서 미안한 엄마들이 있는가? 그렇다면 이제는 훌훌 다 털어버리자. 아이는 엄마의 마음을 다 알고 있다. 엄마의 욕심의 기저에는 엄마의 상처가 있을 수 있다. 엄마의 자존감이 흔들려서일 수 있다. 엄마의 인생이 마음에 안 들면 아이가 답답하게 느껴진다. 문제의 답은 언제나 엄마 자신의 마음에 있다는 것을 잊지 말자. 아이를 위해 엄마 자신을 먼저 돌보자.

02

열의가 넘치는
엄마들,
사실은 불안하다

나는 금메달 받은 딸, 딸, 아들, 다둥이 엄마이다. 첫째 딸은 초등학교 3학년, 둘째 딸은 일곱 살 유치원생이다. 그리고 막내아들은 어린이집에 막 다니기 시작한 개구쟁이 네 살이다. 육아에 영혼을 갈아 넣었던 지난 10년 동안 마음이 편안한 적이 없었던 것 같다.

나는 세 번의 임신 동안, 커피도 한잔 마시지 않았다. 폭력성 짙은 영화 같은 건 볼 생각도 안 했다. 아이 셋 모두 무통 주사 맞지 않고 자연분만했다. 무통 주사가 애착 형성 호르몬에 영향을 준다고 하기에 깔끔하게 거부했다. 그래서 출산할 때 나는 모든 고통을 생으로 느꼈다.

아이를 출산하고 나서는 세 명의 아이 모두 모유 수유를 했다. 나는 유선 자체가 워낙 좁은 사람이다. 자주 유선염을 겪었고 그때마다 극심한 고통에 몸을 떨면서도 모유 수유를 이어갔다. 첫째가 4개월이 되었을 때 수유를 중단했다. 이러다가는 내가 죽겠구나 싶었다.

보통 엄마들은 한 번 이렇게 실패하고 나면 모유 수유할 생각을 안 한다. 나는 실패를 발판삼아 기어코 '완모'를 해내리라 결심했다. 출산 전부터 먹는 음식을 관리했다. 깨끗한 식단으로 식사했고 유선이 뭉치는 것 같다 싶으면 나만의 마사지로 문제를 해결하곤 했다. 둘째는 15개월. 셋째는 17개월을 모유 수유했다. 셋째 때는 이미 걸어 다니면서도 수유할 정도로 베테랑이 되어 있었다.

아이가 통잠을 자기 시작하자 나는 더 바빠졌다. 이유식 시기가 왔기 때문이다. 나는 아이 셋 모두 손수 이유식을 만들어 먹였다. 좋은 재료를 사다가 이유식을 만들었다. 시중에서 이유식을 사서 먹인 적이 한 번도 없을 정도였으니 말 다 했다.

그리고 첫째가 세 살이 되었을 무렵 책 육아를 시작했다. 육아서를 읽다가 꽂힌 '아이의 가능성은 무한하다.'라는 글귀가 참 맘에 들었다. 첫째는 여섯 살쯤 한글 쓰기까지 완벽하게 뗐다. 당시 아이는 200페이지가 넘는 글밥 많은 책도 읽어 내려갔다. 1시간 동안 집중해서 책을 읽는 모습이 너무나 대견했다. 그간의 고생이 눈 녹듯 사라지는 것 같았다.

매주 도서관에서 책을 실어와 아이들에게 열심히 읽혔다. 집 거실을 다른 엄마들처럼 작은 도서관으로 만들어가기 시작했다. 모래 놀이터가 있는 곳이면 아이들과 온종일 놀다 오는 것도 주말 루틴 중 하나였다.

나는 참 열성적인 엄마였다. 그래서 때로는 외롭기도 했다. 여자에서 엄마가 너무 빨리 되어버렸던 것 같다. 나는 우리 아이들에게 최선을 다하고 싶었다. 아이들에게 뭐든 해주고 싶었다.

솔직히 고백하자면, 나는 아이를 키우는 일이 굉장히 걱정되었다. 아이를 키우면서 불안감을 느낀 적이 없는 엄마가 이 세상에 없을 테지만, 내 민감한 기질을 잘 다룰 줄 몰랐다.

엄마는 잠을 자면서도 아이를 무의식적으로 보호한다. 잠을 못 자고 못 먹으면서도 아이를 돌본다. 아이가 어릴 때는 약간의 소리에도 잠이 깬다. 하늘이 선물해준 본능이다. 그러나 이 본능이 과도하면 문제가 될 수 있다. 모든 일에 아이가 잘못되지는 않을까 신경을 쓰게 된다. 아이에 관한 어떤 선택에 스트레스를 많이 받는다.

자, 이제 여러분의 이야기를 들어보자. 이 글을 읽고 여러분은 어떤 기억이 떠올랐는가? 공감되는 부분이 있었는가? 아니면 나를 그저 유별난 엄마라고 생각했는가? 나는 어떤 엄마였고 지금은 어떤 엄마인가?

이 세상의 대부분 엄마는 자기 자식을 잘 키우고 싶어 할 것이다. 그리고 엄마들은 우리 아이들에게 좋은 교육을 해주고 싶다. 하지만 그 바탕에 혹시 불안감이 있지는 않은가? 하늘이 선물해준 본능이 과도하게 작동하고 있지는 않은가? 아이의 생사를 위한 문제가 아니라면 다시 생각해보자. 엄마의 불안감이 해소되지 않으면, 다음 문제들을 겪을 수 있다.

첫째로, 엄마 자신이 불행하다. 불안감을 안고 사는 것은 개인에게 굉장한 스트레스다. 더군다나 아이를 키우다 보면 예상치 못한 일을 만난다. 그럴 때마다 엄마의 불안감이 딸려 나오게 된다. 아이를 채근하거나 꾸짖게 된다. 작은 일에도 예민하게 반응하게 된다. 그래서 아이와 함께 있는 시간에 몰입하기가 어렵다. 엄마 자신이 행복하지 않다.

두 번째, 아이의 성장을 방해할 수 있다. 아이는 자신이 좋아하는 게 무엇인지 잘 안다. 자기에게 지금 필요한 게 무엇인지 안다. 하지만 엄마는 아이의 말을 듣기가 어렵다. 내면에서 자꾸만 불안감이 올라오기 때문이다. 엄마의 불안감으로 인해 아이의 이야기를 듣지 못하게 되면 어떻게 될까? 아이는 건강하게 성장할 수가 없을 것이다.

　다음은 엄마의 불안감을 자극하게 되는 과정이다. 여러분의 일상에도 종종 일어나는 일이다. 내 경험도 물론 녹아 있다. 여러분의 기억을 떠올려 보자.

　'어느 날, 유튜브에서 유창하게 영어를 구사하는 아이를 봤다. 내 아이와 동갑이다. 그 애 엄마는 영어도 못 하는데 이 아이는 두꺼운 원서를 읽고 원어민과 신나게 영어로 대화를 나눈다. 그날 나는 유튜브에 아이 영어 잘하는 방법을 검색해본다. 아이가 집에 오자 나는 조금은 다른 눈빛으로 묻는다. 학교 공부는 어땠는지, 학교에서 영어공부는 잘하고 있는지, 혹시 영어 학원 다닐 생각은 없는지.'

　우리는 이렇게 갑작스레 불안감을 느낀다. 사소한 정보가 엄마의 심리를 건들기도 한다. 아이는 조급함이 묻어나는 엄마의 시선을 모를 수도 있다. 그러나 엄마는 자신의 마음을 들여다봐야 한다. 아이를 위한 바른 선택을 위해서다. 자신을 성찰하는 사람과 그렇지 않은 사람의 차이는 크다. 이제 각자의 경험을 떠올려보자. 나의 불안감이 어떻게 행동으로 연결되는지 파악할 수 있다. 제삼자의 시선으로 바라보면 나를 인정하기 더 쉬워진다. 사소하게 건드려진 엄마의 불안감은 이렇게 이어지기도 한다는 것을 언제나 기억하자.

엄마표 영어를 시작하기 전에 엄마의 불안을 점검해보았는가? 엄마표 영어를 시작하는 이유가 엄마 자신이 불안하기 때문이라면 어떨까? 그래도 괜찮다. 이렇게 책을 읽고 있는 엄마라면 이미 해결의 열쇠를 가진 사람이다. 너무 잘하고 있다고 말해주고 싶다.

인간에게는 자신을 통찰할 수 있는 뇌가 있다. 그래서 금방 수정이 가능하다. 얼마나 감사한 일인가. 자주 엄마의 마음을 들여다볼수록 좋다. 점점 더 좋아질 테니까. 행여나 엄마표 영어를 실패하게 된들 어쩌랴. 마음을 닦아낸 엄마의 마음에는 예쁜 진주가 남는다.

오히려 아이와 행복한 추억이 많아 뿌듯할 것이다. 부단히 자신을 갈고닦은 엄마는 훗날 자신을 대견하다고 생각할 것이다. 아이는 당연히 건강한 어른으로 자랄 것이다.

내 뜻대로 아이가 따라오지 않는다고 아이의 존엄성을 해치지 않아서 감사해할 것이다. 엄마의 불안감 때문에 아이를 닦달할 때도 있었지만 그때마다 미안하다고 사과할 수 있어서 감사할 것이다. 엄마도 너처럼 이렇게 성장했다고 아이와 함께 웃으며 말할 날이 곧 올 것이다.

"아기들은 모든 것을 할 수 있는 학습 기계와도 같다. 시간이 지나면서 양초에 불이 꺼져가듯 천재성도 점점 줄어들어간다."

이것은 한 유아 교재 업체의 광고문구이다. 시간이 지나면서 아이의 천재성이 줄어든단다. 엄마에게 너무 많은 짐을 지워주는 것 아닌가? 엄마는 가뜩이나 할 일이 많고 생각할 것도 많다. 이 광고, 너무했다. 이제는 엄마의 불안감을 자극하는 저런 광고성 발언에 현혹되지 말자. 더는 아이의 미래를 제한하는 겁박에 불안해하지 말자. 엄마의 불안감은 신생아였을 때로 족하다.

바로 지금이 엄마표 영어를 시작하기에 가장 좋은 때다. 엄마표 영어를 잘하고 못하는 것은 없다. 아이를 위해 한 엄마의 선택이기에 아름답다. 엄마가 불안한 마음을 거두었으면 좋겠다. 내가 배운 영어와는 다르게 배울 것이라 믿자. 그래서 내가 살아온 인생보다 더 잘될 거라고 믿자.

믿음에는 돈도 안 든다. 불안감 대신 자신감이 생긴다. 조급함 대신 여유로움이 생긴다. 결과는 저절로 따라온다. 건강한 믿음 안에서 아이는 건강하게 자랄 것이다. 엄마의 여유로움 속에서 아이는 마음껏 뛰놀 수 있을 것이다.

03

책 한 권으로
시작한
엄마표 영어

책 한 권으로 시작한 엄마표 영어가 있다면 믿어지는가? 미안하다. 혹시 그런 사람이 여기에 있다면 일단 사과를 하겠다. 나는 책 한 권으로 엄마표 영어를 하는 것이 좋은 방향은 아니라고 생각한다. 계속해서 발전이 없는 엄마는 아이에게 위험하다고 생각한다.

혹시 이 책이 첫 엄마표 영어책이라면, 내가 앞으로 인용하는 책들은 꼭 읽어보길 바란다. 책이 아니라면 영상도 좋고 기사도 좋다. 배우면 배울수록 생각이 넓어진다. 그래야 한 가지 생각에 갇히지 않는다. 게다가 아이들에게 엄마표 영어를 진행하면서 읽으면 직접 적용할 수 있어 더 효과를 볼 수 있다.

나는 엄마표 영어를 시작하기 전 도서관에서 책부터 읽었다. 읽고 싶은 책들을 죄다 읽었다. 읽으면서 나만의 엄마표 영어를 구체화하기 시작했다. 어느새 머릿속에서 엄마표 영어가 자리를 잡았다. 엄마표 영어를 하면서도 계속 읽었다. 엄마표 영어를 하며 잘못된 것은 계속 고쳐나갈 수 있었다. 계속 공부하면서 더 좋은 아이디어를 얻었다. 지난 2년 동안 나의 엄마표 영어는 발전에 발전을 거듭했다.

나는 우리 첫째가 여덟 살이 되기 한 달 전 엄마표 영어를 시작했다. 당시에는 멋모르고 영어 동화책 읽기만 시작했다. 영어는 해야겠는데 방법을 몰랐다. 내 영어만 할 줄 알았지 아이들 영어는 갈피를 못 잡았다.

본격적으로 영상 노출을 시작한 것은 2년 전, 첫째가 초등학교 첫 여름방학을 맞았을 때였다. 초등학교 방학은 정말 길다. 둘째는 다섯 살이었고 병설 유치원을 다녀서 방학이 길었다. 막내아들은 막 고개를 가누기 시작하는 3개월 아기였다.

초등학교를 보내는 엄마들은 알 것이다. 아이가 어린이집에 갈 때가 시간이 제일 많다는 것을. 초등학교에 가면 엄마 시간은 더 적어진다. 이렇게 긴 방학을 어떻게 보내면 좋을까 생각했다. 엄마표 영어 관련 책들을 꾸준히 읽고 있어서 생각이 자연스럽게 그쪽으로 흘러갔다.

"그래! 그동안 엄마표 영어책 꾸준히 읽었잖아. 이제 엄마표 영어 제대로 시작해보자. TV도 잘 안 틀어줬으니 무엇이든 보여주면 아이들이 즐겁게 볼 거야. 편하게 시작해보자."

이렇게 영어 영상 노출을 시작했다. 동네 엄마를 통해 '엄마표 영어'라는 용어를 처음 들은 지 약 1년 후였다. 언젠가 집에 초대를 받아 간 적이 있었는데 집에 아이 영어책이 많았다. 좋은 기회다 싶어 엄마표 영어 관련 도서를 추천받았다. 그 유명한 『잠수네 아이들의 소문난 영어공부법』이 첫 책이었다. 그리고 도서관에서 엄마표 영어 서적들을 찾아 읽었다. 책을 읽으니 시야가 넓어졌다. 그리고 엄마표 영어는 엄마마다 다르게 진행된다는 것을 알게 되었다. 책마다 엄마표 영어 방법이 달랐다.

우리 아이들이 엄마표 영어 3개월 차에 들어서자 궁금한 게 많아졌다. 다른 엄마들은 어떻게 엄마표 영어를 하는지 알고 싶었다. 선배들이 있다면 조언을 얻고 싶었다. 혹시 내가 도움이 될 수 있다면 그러고 싶었다. 엄마표 영어를 하는 엄마들 모임을 하자고 맘카페에 글을 올렸다. 당일에만 50명이 넘는 엄마들이 댓글을 달았다. 반갑고 즐거웠다. 엄마들

수만큼 새로운 영어공부방법과 팁, 창의적인 공부 방법, 영어에 대한 진솔한 의견들을 나눌 수 있을 것이라 기대했다.

　모임이 시작되기 전 모임에 참석하는 엄마와 통화를 했다. 열성적인 엄마였다. 모임 방향에 대해 이런저런 조언을 해주었다. 조언대로 약 10명 정도의 엄마들로 모임을 꾸렸다. 다른 엄마들도 아이들의 교육에 굉장히 열성적이었다. 두 살부터 열 살까지 아이 나이도 다양했다.

　어떤 엄마들에게 영어는 아이가 경쟁에서 이길 수 있는 무기라고 생각할 수 있다. 더 이르게 시작할수록, 더 빠르게 목표에 도달할 수 있다고 믿을 것이다. 이는 영어를 뼛속까지 사랑하는 나와는 다른 출발이었다.
　모임 분위기는 점점 교육열이 높은 엄마들을 중심으로 흘러가기 시작했다. 오프라인에서 만나면 보통은 아이들 교육에 대해 열띤 토론을 나누고 끝이 났다. 온라인상에서는 매일 아이들과 진행한 엄마표 영어를 인증해야 했다. 처음에는 이런 모양새가 나올 줄 몰랐다.

　'이러려고 모임을 시작한 게 아닌데….' 이건 아니었다. 지금 그 나이에 시작한 것도 엄청 빠른 거니까 괜찮다고. 엄마가 영어 못해도 괜찮다고. 그만 조급해하라고 말해주고 싶었다. 하루는 오프라인 모임에서 엄마들에게 이렇게 물었다.

"여러분은 취미가 뭐예요? 저는 운동도 좋아하고 책도 좋아해요."

속마음은 사실 이랬다. '아이들 이야기만 하니까 너무 답답하다. 여기에 모이는 게 편하고 즐거웠으면 좋겠는데.' 나는 아이 교육에 대해 열정적인 분위기를 식히고자 질문을 던진 것이다. 돌아온 대답은

'취미랄 게 뭐 있나….'

그게 다였다. 우리는 다시 아이 교육에 관해 이야기하기 시작했다. 그럴 때마다 나는 나의 엄마표 방향과 취지를 주장해볼까 고민도 했다. 그래서 엄마표 관련 책들을 함께 읽고 강의도 나누자고 제안했다. 생각의 폭을 점점 넓혀가고 싶었다. 그리고 우리가 지금 잘 가고 있는 게 맞는지, 아이들은 행복한 게 맞는지 계속 성찰하고 싶었다. 그러나 엄마 계발을 하고자 여기에 모인 것이 아니라는 대답이 돌아왔다. 충격이었다.

엄마표 영어를 시작한 지 5년이 지난 엄마도, 갓 시작한 엄마도 같은 방식대로 하고 있었다. 아이들이 보는 만화도 비슷하고 책도 비슷했다. 좀 이상하지 않은가? 영어 자료는 세상에서 넘쳐나는데 말이다. 아이들은 모두 좋아하는 것도, 관심사도 다르지 않은가? 하물며 한글책을 읽어도 모두 다른데 말이다.

내가 마지막 모임에 참석했을 때가 떠오른다. 엄마들과 이야기가 봉합되지 않은 이유를 알았다. 내가 경험한 영어공부의 세계와 사람들이 책에서 배운 세계는 다르다는 것을. 나는 놀면서 배웠다. 다른 엄마들은 영어를 할 줄 몰랐다. 그래서 아이들의 영어에 조급했고 절실했다. 엄마들과 대화를 나눠보고는 결심이 섰다.

'여기에서 그만두자. 지금 너의 이야기를 듣고 이해해줄 수 있는 사람이 여기에는 없어 보여. 그렇다고 네가 사람들에게 맞출 필요는 없어. 지금까지 들인 시간은 아깝지만, 배웠으니 됐어. 용기를 내서 그만둔다고 말하자. 내가 원하지 않는 엄마표 영어 방향은 확실히 알았으니까 그걸로 됐어.'

결국, 나는 모임은 그대로 두고 나갔다. 아이들의 영어가 문제가 아니었다. 엄마들의 생각이 문제였다.

이 시기에 우리 집 첫째 딸 친구 엄마에게 연락이 왔다. 영어 과외를 해달라는 제안이었다. 인생은 참 재미있다. 기회는 예상하지 못할 때 온다. 그리고 하늘은 그 기회를 잡는 사람에게 행운을 가져다준다.

그때 나에게 아이 영어를 가르쳐달라고 부탁했던 엄마에게 감사한다.

내가 못한다고 거절했을 때도 용기를 주며 동네 아이들까지 모아주었던 엄마다. 괜찮다고, 할 수 있다고 다독거려주었다. 지금은 나의 은인이 되었다.

영어 과외를 시작하면서 나는 엄마들과 많이 소통하기로 마음먹었다. 엄마들의 인식이 바뀌어야 환경이 바뀌기 때문이다. 환경이 바뀌어야 아이들은 엄마들이 걸어간 영어의 길을 가지 않을 수 있다.

나는 각 가정에서 아이들에게 보여줄 수 있는 만화 목록, 주제에 연계된 영상 목록, 레벨에 맞는 노래 목록, 그리고 그림책들을 제공해주고 있다. 학생들과 만나는 시간이 짧아서 아쉬울 따름이다. 우리 학생들이 나와 있는 시간만큼은 영어가 얼마나 즐거운 것인지 알려주고 싶다. 영어를 진심으로 사랑하는 내 마음을 나눠주고 있다. 그래서 나는 내 일이 참 좋다.

멋모르고 시작한 엄마표 영어모임에서 나는 제대로 배웠다. 엄마표 영어에 높은 관심이 교육열의 또 다른 갈래라는 걸. 그리고 나는 그런 엄마들과 맞지 않는다는 걸. 원리를 알고 창의성을 발휘해서 가르치는 영어가 내가 원하는 방식이다. 덕분에 나는 내 재능과 장점을 찾았다. 그리고 나는 내 재능과 능력을 알아주는 사람들에게 도움을 주며 살고 있다. 그 경험으로 나는 더욱더 행복하게 영어를 가르치고 있다. 그리고 이렇게 책까지 쓸 수 있게 됐으니 얼마나 감사한지 모르겠다.

일련의 사건을 겪으며 나는 마음속에 꿈이 하나 생겼다. 엄마표 영어를 어려워하는 사람들을 도와주자고. 가능한 한 많은 엄마에게 행복한 엄마표 영어를 할 수 있게 도움을 주고 싶다.

나는 아이들 영어교육에 조급함이 없다. 내가 경험한 영어의 세계는 '열심히'와는 달랐다. 즐겁게 공부했고 지금도 즐겁게 공부한다.

'나는 16세에 혼자 영어공부를 시작했고 지금 영어를 잘하잖아. 나는 우리 아이들은 당연히 나보다 영어를 잘할 수 있을 거야. 초등학교 때 시작해도 빠른 것 같은데?'

이것이 내가 가지고 있는 영어에 대한 기본 믿음이다. 나는 똑똑한 사람도 아니고 좋은 교육을 받지도 않았다. 내가 필요한 정보는 영어로 얻는다. 강의도 듣는다. 미국인 친구들도 있다. 유창하게 말도 잘한다. 영어는 꾸준히 하면 가능하다는 것을 몸으로 배웠다. 게다가 엄마표 영어로 영어공부가 더 재미있어졌다. 아이들 영어뿐 아니라 내 영어도 늘었기 때문이다. 엄마표 영어로 아이들뿐만 아니라 나도 덕을 본 셈이다.

내가 이런 경험을 했는데 아이들 영어에 조급함이 생길 수 있겠나. 엄마표 영어는 무조건 된다. 될 수밖에 없다. 즐겁게 영어 콘텐츠를 즐기면 즐길수록 이기는 게임이다. 엄마표 영어에서 '재미'를 놓치면 멀리 돌아가게 된다.

엄마가 영어에 너무 목매지 말았으면 좋겠다. 된다고 믿고 여유롭게 가면 더 좋다. 내가 운영하는 카페에 와서 함께 성장해가자. 엄마의 생각 폭을 넓히는 데에 도움이 된다. 그럴수록 엄마표 영어를 하는 것이 즐거워진다.

04

영어 유치원은
잘못이
없습니다

얼마 전 한 유튜브 라이브 방송에서 낯뜨거운 발언을 듣게 됐다. 영어 유치원을 보내고 싶었는데 경제적인 이유로 보내지 못했다는 학부모의 발언에 대뜸 이렇게 말을 했다.

"영어 유치원 못 보낸 게 복이라니까요. 복."

잘 모르는 엄마가 들으면 오해할 만한 발언이다. 그런 말을 한 배경이 있었겠지만, 대화의 표현 방식까지 어우러져서 그렇게 좋게 들리지는 않았다.

여러분은 엄마표 영어를 하는 엄마들이 고상하다고 생각하는가? 엄마표 영어 딱지가 무슨 훈장처럼 여겨지는가? 엄마가 주도하여 아이들 영어교육을 한다니 얼마나 뿌듯한가. 학원에서도 제대로 못 하는 것을 내가 할 수 있다니! 원어민처럼 우리 아이들을 길러낼 수 있다고 생각하면 더 설렌다. 하지만 다른 시각으로 보면 엄마표 영어가 그렇게 대단한 일이 아니다. 영어 유치원이 맞냐, 안 맞냐 이야기를 하는 것이 얼마나 부끄러운 일인지 알게 된 계기는 바로 이랬다.

내가 아는 부자 언니가 한 명 있다. 얼굴도 예쁘고 모델 일을 했었다. 교포라서 영어에도 능통하다. 게다가 성격도 좋다. 능력이 좋아서 외국에서 여러 가지 일을 했다. 지금은 사업을 하는 남편과 강남에서 살고 있다. 이렇게 부모가 다 능력이 있으니 언제 외국에 나갈지 모른다. 두 딸은 모두 영어 유치원을 보냈다. 초등학생이 된 딸은 사립학교에 다니고 있다. 집에서 특별한 엄마표 영어를 하지 않는다. 아니, 할 필요가 없다. 우리도 한글 책 하루에 몇 권 읽어주는 게 다인 것같이 이 언니도 그렇다. 이렇게 태생이 평범하지 않은 사람이 있다. 이런 인생을 옆에서 보고 있자면 솔직히 부러운 마음이 든다. 이 언니 옆에서 나를 보니 엄마표 영어가 별것 아니었다. 배가 너무 아프지만 어쩔 수 없다.

내가 만약 이 언니의 인생을 산다면? 나는 분명 다른 엄마표 영어를 할 것이다. 여러분도 한번 생각해보자. 될 수 있으면 해외에 나갈 것이고 원어민과 만나게 할 것이다. 나의 욕망에 거짓말해서 나를 속이면 무엇을 얻을 수 있을까. 솔직해질 때 바른 시작을 할 수 있다. 감추느라 에너지 쏟지 않아도 되니까. 차라리 부럽다고, 배 아프다고 말하자. 그게 내 정신건강에 좋다.

똑똑하고 돈 많은 사람은 안다. 가장 좋은 영어교육 방법을. 이 책을 읽는 여러분들과 나는 우리의 환경을 최대한 효율적으로 이용하고자 한다. 우리 아이들이 조금 더 나은 기회를 얻도록. 그리고 기회가 왔을 때 영어라는 장벽이 없이 바로 도전할 수 있게 도와주고 싶은 것이다. 돈 있는 사람들이 하는 선택에 굳이 에너지를 들여 비판할 필요가 없다. 나는 그 삶이 너무 부럽다. 돈이 있다면 나는 아이들과 좋은 곳에서 맛있는 음식을 먹으러 다닐 것이다. 그리고 영어를 잘 가르치는 전문가들에게 기꺼이 돈을 낼 것이다.

다시 한번 물어보자. 여러분은 어떻게 할 것인가? 현금자산이 100억이 넘는 부자라도 사교육 받지 않고 집에서 엄마표 영어를 할 것인가? 그런 사람이 있다면 나에게 연락을 해주면 좋겠다.

물론 영어 유치원의 부작용도 있다. 한국말이 부족해서 초등학교 때부터 국어를 다시 배운단다. 돈 많은 동네에는 많은 사례란다. 그래서 그 아이들은 실패한 인생인가? 아니다. 영어라도 그렇게 하는 게 어디인가. 나중에 해외로 유학을 목표로 하는 아이들도 많다. 인생의 길은 정말 다양하다. 한순간만을 보고 이것이 문제다, 아니다 이야기할 수 없다.

나는 이런 이야기들에 귀를 닫기로 했다. 내 삶이 너무 소중하고 우리 아이들이 너무 귀하기 때문이다. 나의 환경에서 내가 할 수 있는 한 엄마표 영어에 최선을 다하기만 하면 된다. 영어 유치원, 사교육 욕할 필요 없다. 그게 무슨 상관이 있는가.

어디를 가나 문제를 이야기하기 좋아하는 사람들이 있다. 자기가 주목을 받아야만 하는 사람들도 있다. 나를 감정 소모하는 환경에 두지 말자. 솔직히 말하면 나도 상대의 이야기를 잘 들어주는 데 익숙한 사람이다. 가슴이 답답해도 끝까지 들어주는 바보같이 '착한' 사람이다.

여러분은 누군가와 대화하다가 기분이 좋지 않으면 지혜롭게 빠져나와라. 나처럼 시간 낭비하지 말기를 바란다. 그리고 내가 자꾸 불만 섞인 이야기를 하게 되지는 않는지 주기적으로 살펴봐라. 그렇다면 나는 지금 내 마음이 건강하지 않은 것이다. 내 몸이 지치지는 않았는지, 마음이 힘들지는 않은지, 생각이 부정적이지 않은지 점검하자. 차라리 혼자만의 시간을 보내라. 사촌이 땅을 사면 배가 아프다. 나도 그렇다. 그렇지만 아이 영어가 한국말보다 뛰어나다는 고민을 할 수 있는 사람들은 우리보다 더 잘 사는 사람이 많다. 앞으로 좋은 기회들을 더 많이 만날 사람들이다. 배우면서 그리고 자라면서 우리는 성공과 실패를 수도 없이 반복하는 것을 알지 않는가? 우리 아이의 실패가 영원한 실패가 아닌 것처럼 다른 집 아이의 실패도 실패가 아니다.

나는 내 행복에만 집중하기로 했다. 그리고 우리 아이들을 위해 노력하기로 했다. 돈이 많은 사람은 우리에게 관심이 없는데 우리는 닭 쫓던 개가 지붕만 쳐다보는 것처럼 계속 신경 쓰지 말자.

아는 언니가 있다. 영어는 전혀 못 한다. 생각이 긍정적이고 아이를 독립적으로 키우는 것 같다. 엄마표 영어공부도 열심히 한다. 딸아이는 영어 유치원에 다닌 적이 있고 초등학생이 된 지금은 영어 학원에 다닌다. 아이가 영어로 이야기를 쓴 글을 보여주었는데 제 나이 한국어 실력과 비슷했다. 이 엄마는 재미있는 영어책들을 많이 알고 있다.

다른 한 엄마는 백방으로 뛰어다니면서 아이들 교육을 한다. 엄마표 영어 4년째이지만 두 아들은 여전히 낮은 수준의 책을 읽는다. 엄마가 주도해서 모든 교육을 이끌고 있다. 시간 계획표도 정확히 짜놓는다. 언어 습득과는 좀 거리가 먼 엄마표 영어지만 자부심은 대단하다. 학원도 병행하는데 단어 숙제량이 많아서 마음에 든단다. 나이가 비슷한 이 두 아들은 단어를 경쟁해가며 공부한다고 한다.

또 다른 엄마가 있다. 어릴 적에는 아이 영어에 관심이 많았다고 한다. 이 아들내미는 유아기 시절에 유명한 '노부영'을 다 뗐다. 원어민이 있는 학원도 보냈었다고 한다. 그런데 아주 기초적인 영어를 들어도 이해하지 못한다.

사교육을 이용한다고 하더라도 이렇게 결과는 다르다. 엄마들이 실수 하는 이유는 언어 습득의 원리를 몰라서 그렇다. 습득과 학습을 구분하 지 못해서 그렇다. 엄마가 영어 시험에 자유로울 때라야 아이 영어 실력 이 쑥쑥 자란다. 영어 영상의 재미와 그림책을 맛본 아이들은 가는 길이 다르다. 시작은 비슷한데 맺는 열매가 다르다. 사교육은 잘못이 없다. 여 건이 된다면 영어 유치원도 보내고 학원에도 보내라. 열정을 가지고 제 대로 교육하는 사람들에게 넘겨줘라. 그래도 괜찮다.

'확증편향'이라는 말이 있다. 자신이 보고 싶은 것만 보고, 믿고 싶은 것만 믿는 치우친 사고 경향을 말한다. 이 경향에 빠지면 나의 신념에 맞 는 정보만 취합하고 맞지 않는 정보는 외면하게 되는 결과를 낳는다.

사교육을 비판하고 밀어낼 필요가 전혀 없다. 우리 아이들을 위해서다. 아이들에게 좋은 기회를 열어놓자. 우리가 원하는 것은 아이가 영어의 제약 없이 자유롭게 사는 것이다. 그 목표를 이루기 위해 아이들에게 엄마표 영어를 해줄 수 있다. 혹은, 사교육의 도움을 받을 수도 있다.

다른 사람들의 선택이 잘못됐다고 말하면 나의 삶이 조금은 나아지는 것 같겠지만 우리는 더는 그러지 말자. 내 인생에, 그리고 우리 아이의 인생에 도움이 되지 않는다. 인생의 불공평을 인정하자. 엄마인 우리도 많이 포기하고 좌절감도 느끼며 살았다. 그래도 이렇게 잘 살아남지 않았는가.

아이들에게 빛나는 미래는 주지 못하더라도 지금까지 살아낸 엄마의 강한 정신과 끈기와 사랑의 추억을 물려주자. 지금 나에게 주어진 재료들로 최선을 다해 우리 아이를 길러내자. 그럴 때 우리 아이들도 커서 자기가 가진 것을 불평하지 않을 것이다. 우리가 최선을 다해 결과를 이뤄냈듯이 아이들도 본인들의 재능으로 인생을 멋지게 살아나갈 것이다. 미안하지만, 영어 유치원은 정말 잘못이 없다.

05

우리는
한국
사람입니다

내가 영어학과에 재학 중이던 대학 시절 이야기다. 영미어학부에 어느 날 남자 교수님이 초빙교수로 오셨다. 당시에 누가 봐도 젊은 나이에, 가죽 재킷을 입고 수업에 오시는 교수님은 특히 여학생들의 큰 관심을 받았다.

뉴욕대에서 연극학을 전공하시고 극작가로 활동하고 있는 분이셨다. 그 교수님을 중심으로 영미어학부에서 큰 문화축제를 열었다. 영어 연극을 통해 공동체 의식을 함양한다는 프로젝트였다. 당시 영미어학부와 연극영화과가 협업해서 진행했다.

세 명의 아리따운 신부가 결혼식 전 도망치는 코미디 연극이었다. 오디션에서 나는 주인공을 목표로 연기를 했는데 나는 결국 집주인 노파역을 따내었다. 장성한 아들이 있는 이탈리아 출신 할머니였다.

'하필 왜 할머니야.' 속마음은 사실 이랬다. 내가 할머니 역을 잘할 수 있을지도 혼란스러웠다. 당시 교수님은 나에게 할 수 있다며 용기를 주셨다. 오디션 당시, 나를 통해 할머니 'Bella'의 에너지를 봤다나, 뭐라나…. 고마운 마음 반, 난감한 마음 반으로 연극 연습을 시작했다.

연극은 성황리에 잘 마무리가 되었다. 영어로 된 대사 하나 틀리지 않고 했으니 반 이상은 성공 아닌가? 나는 중학교 때부터 춤을 춰서 무대에 선 경험이 꽤 많았는데도 연극은 또 다른 매력이 있었다.

연기라는 것에 매료된 나는 이 교수님에게 상담을 요청했다. 해외에서 연극을 공부하는 것이 어떤지 물어보았다. 나는 당연히 연기의 기술에 관해 이야기할 줄 알았다. 그러나 교수님의 이야기는 내 예상과 전혀 달랐다. 10여 년 전의 영어로 나눈 대화기에 내 기억이 완전히 정확할 수는 없는 점 여러분의 양해를 부탁드린다. 교수님의 요지는 이랬다.

"만약 외국에서 연극을 하고 싶다면, 한국인의 특별함을 가져야 해요.

연극을 하는 수많은 사람이 있는데 굳이 효원 씨를 뽑는다면 다른 이유 때문일 거예요. 춤을 춘다고 하니 조언을 하나 해줄게요. 부채춤도 좋고, 한국 무용도 좋고, 무엇이든 좋아요. 그 사람들이 매력을 느낄 만한 무언가가 있어야 해요. 그런데 그것은 한국적이어야 해요. 지금 추는 춤은 이력에 도움이 되지 않아요. 왜냐하면, 효원 씨는 한국 사람이니까요. 그러나 지금부터 효원 씨가 한국적인 특색을 계발한다면 대단히 큰 도움이 될 거예요."

그 당시 나는 이 말을 잘 이해하지 못했다. 13년이 지나서도 내 머리에 콕 박혀 있는 것을 보면 그때 신선한 충격을 받았다. 그리고 아줌마가 되고 나서야 교수님이 조언이 가슴 깊이 이해가 되었다.

뉴욕대 출신의 이 교수님은 한국 부모님 사이에서 칠레에서 태어났다. 그 후 미국으로 건너갔다. 유색인종으로 미국에서 자랐기 때문에 자신의 정체성을 아는 것이 얼마나 중요한지 알고 있었을 것이다.

이분은 미국 무대에서도 자신의 정체성을 잘 녹여낸 내용으로 극을 썼다. 성 정체성과 관련한 내용, 그리고 이민사회의 문제를 연극으로 표현했다. 교수님은 자신의 뿌리를 외면하지 않았기 때문에 자신의 개성이 묻어나는 극작가로 활동할 수 있었다. 이 사람만이 할 수 있는 이야기였기 때문에 사람들이 주목했다.

이후, 나는 우리 학교의 연극영화과에 문을 두드렸다. 학과 교수님들이 수업을 들을 기회를 주셨다. 연극영화과는 타 전공 학생들에게 열려 있는 과가 아니다. 치열한 입시를 통해 들어온 학생들이 공부하는 곳이니 당연하다.

황금 같은 기회를 얻어서 정말 감사했다. 좋은 교수님들에게 연기를 배웠다. 뮤지컬에 특화된 과여서 노래와 발성, 무용도 함께 배웠다. 그리고는 연기에 뜻을 접었다. 직접 해보니 연기는 아무나 하는 게 아니었다. 연습실에서 뮤지컬 노래도 연습하고 연기 시간에 눈물 연기도 했다. 정말 원 없이 놀았다. 지금은 열정 가득했던 나를 떠올릴 수 있는 추억이 되었다. 도전해보았기 때문에 후회가 없다.

당시에 연애하고 있는 남자친구는 미국에서 공부하는 유학생이었다. 우리는 열렬히 사랑했다. 결혼해서 함께 미국에 가기로 했다. 25살, 그 어린 나이에 결혼이라니! 나는 이 사람과 애 셋을 낳고 10년 넘게 같이 살고 있다.

결혼 후 나는 배우자 비자를 받고 남편과 함께 미국에 갔다. 미국에서는 경제적인 이유와 비자 문제로 학교에 다니지는 못했다. 그냥 미국에 사는 한국인 주부로 살았다.

어느 날, 남편 학교에서 한국인 축제가 열린다고 했다. 남편도 그 행사에 참여하게 되면서 나에게도 할 일이 생겼다. 춤을 좋아하는 유학생 친구들과 공연을 하기로 한 것이다. 오랜만에 무대에 설 수 있어서 너무 기뻤다.

유학생들과 나는 '강한 여자'라는 콘셉트를 잡고 공연을 준비했다. 공연 곡과 안무, 의상, 무대 연출 등을 모두 함께 결정했다. 하지만 정작 중요한 것을 놓치고 말았다. 경희대 교수님이 이야기해주셨던 것, '한국적인 것'을 잊어버렸다.

지금이야 한류열풍으로 K-pop이 인기 있지만, 그때는 달랐다. 한국노래로 하는 것이 오히려 멋지지 않은 줄 알았다. 공연을 보러 온 미국인들은 당연히 한국적인 무언가를 보고 싶었을 텐데 말이다.

우리는 한국인 축제의 본질에 대해 생각하지 못했다. 뉴욕대 교수님이 분명 부채춤을 하라고 하지 않았나. 한국 무용도 좋다고 했다. 그 정도는 아니더라도 아니더라도 우리 축제의 정체성을 확고히 해야 했다. 한국의 멋진 노래들과 퍼포먼스를 보여주면 되었는데. 한국인으로서의 우리만의 매력을 치열하게 이야기했어야 했다. 내가 그때로 돌아간다면 비욘세의 〈Run the world〉를 공연 곡으로 쓰지 않았을 것이다.

무대가 시작되자, 관객들의 분위기가 심상치 않았다. 찬물을 끼얹은 듯했다. 무대에 올라 관객을 보니 웬걸. 금발에 파란 눈을 가진 여학생들이 맨 앞에서 우리를 째려보고 있었다. 지역구 시장을 돌아다니면서 마트 앞에서도 공연을 해봤지만 그런 냉담한 태도는 처음이었다. 시장에 오신 주민분들은 흥이 넘치고 친절하시다.

공연장에서 보통 이런 정도의 퍼포먼스를 하면 분위기가 달아오르고도 남는다. 우리가 준비한 안무는 정말 멋졌고 공연 노래도 누구나 아는 가수의 곡이었다. 하지만 관객을 고려하지 않았던 건 정말 엄청난 실수였다. 관객들의 차가운 분위기를 느끼면서 내 머릿속에 오만가지 생각이 스쳤다.

'아, 이 사람들 미국인이지. 여기에 와서 팝송 들으려는 거 아니지. 잘못 준비했다. 내가 번데기 앞에서 주름잡고 있네. 지금 다들 얼마나 속으로 비웃을까. 한국인 축제에서 비욘세라니, 내가 무슨 생각을 한 거지? 이 노래로 1절만 준비해서 다행이다. 춤 실력으로라도 실수를 만회해야

겠다. 2NE1 노래 나오면 한국인의 자부심으로 무대를 더 불태우고 말겠
어!'

여기에서 시간을 되돌릴 수는 없었다. 무대에서 그 1분이 얼마나 길게
느껴졌는지 모른다. 매서운 눈빛의 금발 언니들을 감동 주자는 심경으로
영혼을 담아 춤을 추었다. 한국인을 우습게 생각하게 만들고 싶지 않았
다. 출산한 지 몇 개월밖에 되지 않아 몸은 삐거덕댔지만 개의치 않았다.

비욘세의 노래가 끝나자 나는 속으로 안도의 숨을 내쉬었다. 이제 진
짜 시작이었다. 2NE1과 태양의 노래에 춤을 추자 공연장 분위기가 완전
히 바뀌었다. 무대에 서본 사람들은 알 것이다. 무대에 오르면 사람들의
눈빛과 표정이 얼마나 잘 보이는지. 나는 그때야 무대에 오롯이 집중할
수 있었다.

이 경험으로 나는 교수님의 조언을 깨달았다. 한국의 교육방식에 대해
서도 다시 생각하게 되었다. 한국에서는 자신만의 색깔을 가지는 사람에
게 이렇게 말한다. '튀지 좀 말라.'고 다른 사람들의 시선에 맞추어 사는
게 우리에게는 익숙하다. 누군가를 따라 하고 비슷하게 하면 된다고 생
각했다. 하지만 나만이 보여줄 수 있는 것이 훨씬 가치 있다는 것을 그때
야 알았다.

영재 및 창의력 분야의 세계 최고 권위자인 김경희 교수님은 저서 『틀 밖에서 놀게 하라』에서 언어와 정체성에 관해 이렇게 말했다.

"아이가 자신의 뿌리를 잘 알고 있을 때 비로소 다른 사람과 구별되는 아이만의 개성이 생긴다. (중략) 외국어 공부 이전에 준비되어야 하는 것이 바로 '당당한 정체성'이다."

아이들에게 영어라는 무기가 중요함은 틀림이 없다. 하지만 훨씬 중요한 사실은 우리 아이들의 정체성이다. 정체성이 곧 그들의 자산이다. 우리가 뿌리를 내리고 있는 곳은 한국이다. 내가 아무리 영어를 잘해도 내가 보여줄 무엇인가가 없으면 안 된다.

각 가정은 저마다 다른 문화가 있다. 이것을 바탕으로 한 사람, 한 사람이 만들어진다. 그리고 각자의 성향과 재능도 이것들과 잘 어우러질 때 꽃을 피운다. 아이들에게 영어만을 강조하지 말자. 제발 너만의 개성을 가지라고 가르쳐라. 그것이 나중에 엄청난 재산이 된다. 세계가 무대라면 더욱 그렇다.

부모가 먼저 자랑스럽게 한국인의 특성과 가족의 문화를 아이들에게 가르쳐보면 어떨까? 어렵다면 이렇게 해보자. 엄마가 엄마 자신의 개성을 자랑스럽게 드러내보는 것이다. 다른 사람들의 시선에 맞추지 말고 진정한 엄마 자신이 되어보자. 미디어의 어떤 엄마처럼 되어보려고 애쓰지 말고 엄마 자신을 당당하게 인정해줘라.

엄마가 엄마 자신을 사랑할 때 아이들은 그것을 보고 배운다. 자신감 있는 엄마를 보고 우리 아이들은 자신을 자랑스럽게 생각할 것이다. 그리고 엄마처럼 자신의 정체성을 기쁘게 확립해갈 것이다. 결국, 우리 아이들은 한국인의 정체성과 새로운 지식, 문화를 섞어 자신만의 길을 찾을 것이다. 우리는 한국 사람이다.

06

아이를
엄마의 꿈에
가두지 마라

코로나가 심각했던 작년 상황을 생각하면 아직도 아찔하다. 1년 내내 외출도 못 하고 아이들 셋과 집에서 생활하다 보니 나는 제정신이 아니었다. 게다가 발달 단계가 다 다른 아홉 살, 여섯 살, 세 살의 아이들을 통솔하기는 영 쉬운 일이 아녔다.

'애들을 키우려면 몰아서 낳는 게 나아. 띄엄띄엄 낳아놓으면 키우기 어려워.'

그제야 어른들의 말의 깊은 뜻을 이해했다. 작년은 세끼 밥만 잘 먹어도 다행이었던 때였다. 그래도 나는 나 자신을 열심의 아이콘, 열정의 아이콘이라 부른다. 영혼을 갈아 넣으며 최선을 다해 아이들을 돌보았다. 첫째는 학교에 거의 가지 못하고 EBS 방송만 들었다. 학교 담임선생님보다 EBS 선생님들을 자주 만나니 TV 속 선생님들을 더 좋아했다. 둘째는 집에서 받은 꾸러미로 온라인 유치원 수업을 진행했다. 아이는 한동안 '비비 선생님'의 시작 인사를 외워 따라 했다. 셋째 아들은 잠시 한눈을 판 사이에 식탁에 올라가거나 내 책상 노트북을 밟고 화장품을 손으로 파고 있었다.

이왕 이렇게 된 김에 엄마표 영어에 박차를 가해보기로 했다. 물론 나혼자서 한 결정이었다. 집에 있는 시간이 많으니 영어를 많이 노출하자고 생각했다. 위기를 기회로 삼자는 마음으로 호기롭게 도전했다. 반은성공했고 반은 실패했다. 엄마가 제시하는 대로 잘 따라와주는 첫째에게욕심이 생긴 게 화근이었다. 처음에는 영상을 재밌게만 봐도 기뻤는데자꾸 기준이 높아졌다. 이제는 빠르게 읽기 실력을 올리고 싶었다. 나보다는 훨씬 영어를 유창하게 하는 아이로 만들고 싶었다. 이런 생각이 아이를 망치는 전조임을 이제는 안다. 자식이라도 함부로 그 인생을 저울질하면 안 되는 것을.

아이들이 집에 있는 시간이 많아지자 나는 걱정도 많아졌다. 아이들

교육을 전부 내가 끌고 가야 한다는 책임감에 짓눌리기 시작했다. 매일 사소하게 하는 공부들이 성에 안 찼다. 아이들에게 내가 할 수 있는 것 이상으로 희생한다고 생각하니, 마음에 여유가 없어졌다. 아이들 엄마로 너무 멀리 걸어갔다. 심장에서 소리를 쳤다. 애들 엄마가 아닌, 김효원인 '나'로 돌아오라고.

아이들의 학업에서 성과가 나면 그 고장 난 마음을 달랠 수 있다고 착각했던 것 같다. 당시에는 당연히 해야 하는 일들이라고 확신했었지만 말이다. 아이들 마음을 맞춰주고 공부 봐주며 집안일에, 집에서 내가 가르치는 온라인 영어 수업도 병행했다. 몸이 하나여도 모자랐다. 몸도, 정신도 많이 지쳐갔다.

왜 그때 나의 몸과 정신을 더 돌보지 못했을까? 아이들도 집에만 있으면서 스트레스를 받고 있었다는 것을 왜 헤아리지 못했을까? 나 자신에게 귀 기울이고 아이들 양육에 대한 부담감을 내려놓으면 좋았을 것이다. 나의 불안감을 아이의 성과로 대체하려고 했던 나는 아홉 살 엄마였다.

아는 지인에게 한 엄마 이야기를 들었다. 그 엄마는 명문대 출신이고 보습학원을 운영하고 있다고 했다. 이 엄마는 쌍둥이인 두 딸 교육을 위해서 학원 일을 시작했다고 했다.

학원 일을 마치고 집에 오면 아이들 숙제를 봐주고 저녁 식사를 한다고 한단다. 여기까지는 평범하다. 그리고 아이들에게 11시까지 독서와 영어공부 루틴을 시킨다고 한다. 초등학교에 들어간 지 얼마 안 된 친구들이다. 주말마다 도서관은 물론 지방으로 탐방을 다니느라 엄마는 언제나 바쁘다고 한다. 그 지인이 가장 힘든 건 그 엄마와 대화라고 했다. 오로지 아이들 교육 말고는 대화 주제가 없다는 것이다. 그래서 주변 엄마들과 관계가 썩 좋지 않은데 정작, 이 엄마는 자기를 시샘하는 줄로 아는 모양이란다. 이 엄마는 이미 두 딸의 미래 학벌을 다 정해놓았다고 한다. 어느 고등학교로, 그리고 대학으로. 이름만 들어도 아는 곳이다. 그 엄마는 초등학교 저학년인 아이들에게 어떤 '스펙'을 쌓게 해줄지 치열하게 고민하고 있다.

나는 인생은 자기가 살고 싶은 대로 사는 게 답이라고 믿는다. 누군가는 인생을 하얀 백지에 그려 나가는 것이라고 하지 않았는가. 누가 아이들의 스펙을 열렬히 준비하는 이 엄마에게 돌을 던질 수 있으랴.

여러분은 어떤 엄마가 되고 싶은지 묻자. 우리 아이들을 도대체 어떤 사람으로 키우고 싶은지도 물어보자. 나의 꿈은 무엇이었는지도 다시 떠올려보자. 그리고 지금 내가 있는 곳에서 얼마나 행복한지 점수를 매겨 보자.

나 또한 이 책을 읽는 여러분처럼 우리 삼 남매를 키우는 것이 힘들 때 가 있었다. 가끔은 '세상이 이대로 멈췄으면….' 하고 바란 적도 있다. '나' 와 엄마 사이에서 균형을 잡는 것이 참 어려웠다.

아이들을 아빠에게 맡기고 차 한잔하러 가는 것이 좋았지만 한편으로 는 죄책감이 들었다. 해방감을 느끼는 내가 정상이 아닌 것 같았다. 나를 더 포기하고 더 내려놓지 못해서 내가 '불량' 엄마인 것 같았다. 아이들에 게 무한한 사랑을 주지 못해 자존감이 떨어졌다. 나는 부족하고 또 부족 한 엄마였다.

『느리게 어른이 되는 법』이라는 책을 아는가? 저자 이수진 씨는 치과의 사이고 딸은 중학교 3학년 때 학교를 자퇴했다. 저자는 그때의 선택에 관 해 책에 이렇게 기록했다.

"오히려 제나를 위해서 잘된 일이라고 생각한다. 초등학교 때부터 이 미 학교 성적으로만 아이를 평가하는 학교의 태도를 많이 보아왔기 때문 이다. 공부를 못하는 아이는 학교에서 무시를 당하고 아이 스스로도 자신을 '꼴통'이라고 표현한다. (중략) 결코 '빨리 너의 길을 찾아.', '다른 아이들에게 뒤처지지 않기 위해 공부를 열심히 해.' 등의 강요를 하고 싶은 생각은 추호도 없다. 시간이 걸리더라도, 헤매다가 다소 먼 길을 돌아가더라도 스스로의 길을 찾을 때까지 기다려주고 싶다."

여러분은 아이에게 어떤 엄마인가? 엄마의 꿈을 강요하지는 않는가? 만약 그렇다면 아이들은 자신의 무게에, 엄마의 꿈까지 짊어지게 된다. 엄마가 삶의 균형을 잃고 아이들 쪽으로 넘어가면 어떤 일이 생길까?

아이들을 잘 키워내는 것이 엄마의 인생 목표가 되고 만다. 나 또한 그랬다. 남들이 칭찬할 만한 아이가 된 것 같으면 웃고 아이들이 못하면 낙담했다. 아이들이 잘되는 것은 다 내 덕이라고 생각했다.

엄마인 나 말고, 진짜 '나'는 어디에 있었을까? 아이를 낳기 전, 결혼하기 전, 내 이름 석 자로 살아가던 나는 도대체 어디로 사라졌을까? 그러면서 나는 우리 아이들을 나처럼 살게 만들고 있었다. 그들 영혼의 울림대로 살아가기보다는 엄마의 말에, 사회의 요구에, 시스템에 맞춰 살도록 말이다.

어느 누가 아이에게 '희생'하는 엄마가 아니면 모성애가 없다고 하는

가. 감히 누가 아이들을 향한 내 사랑을 판단할 수 있을까? 아이들을 너무 사랑해서 엄마는 엄마 인생에 최선을 다하는 것이다. 성장하는 엄마로서 아이들에게 모범이 되고 싶기 때문이다.

그때 나에게 '집중 듣기'가 싫다고 말해준 첫째에게 고맙다. 엄마의 요구보다 자신의 목소리에 귀 기울인 내 아이가 자랑스럽다. 그리고 아이의 이야기를 듣고 단번에 멈출 수 있었던 나를 칭찬한다. 내가 아는 것이 전부가 아니라고 생각하니 편하다. 아이들이 영어를 배워가는 각자의 방법과 때가 있다는 걸 믿으니 걱정하지 않는다. 오늘 다시 시작하면 된다.

첫째는 집중 듣기 거부 후 한 달 정도의 휴식기를 가졌다. 지금은 영어책 읽기가 재밌다고 말한다. 여러분은 나와 같은 시행착오를 겪지 않았으면 좋겠다. 내가 운영하는 카페 〈김효원엄마표영어연구소〉와 SNS를 통해 함께 소통하자. 나의 실수와 노하우들이 여러분의 엄마표 영어에 큰 도움이 될 것이다.

나는 아이들에게 인생을 바치는 엄마가 되고 싶지 않다. 오히려 엄마가 되어도 꿈이 녹슬지 않는다는 것을 보여주고 싶다. 나이가 들어도 정신은 늙지 않음을 알려주고 싶다. 어쩌면 우리는 공부보다 더 중요한 가치들을 잊고 사는 건 아닐까?

몸과 마음이 건강한 아이로 키우고 싶다면 엄마의 마음이 굳건해야 한다. 누가 뭐래도 아이가 자신의 길을 갈 수 있도록 지켜주고 지지해줘야 한다. 엄마도 엄마의 인생을 열심히, 기쁘게 살아야 한다.

'연희 엄마', '준서 엄마', '예슬이 엄마'가 아닌, 내 이름 석 자의 인생을 살자. 우리 아이들이 자신의 꿈을 꾸고 이뤄가도록 하자. 엄마의 꿈은 엄마가 이뤄가면 된다. 아이가 지고 가는 짐에 엄마 인생의 무게까지 실어주지 말자. 대신 아이의 손을 잡고 각자의 인생의 길을 걸어가자.

07

그런 엄마표
영어는
사양합니다

어느 날, 언니로부터 전화 한 통이 걸려왔다.

"효원아, 아버지가 돌아가신 것 같아⋯."
"뭐라고, 언니? 그게 무슨 말이야?"

2010년 12월 18일, 내가 미국에 있을 때였다. 언니에게 아빠의 사망 소식을 들었다. 하늘이 무너져 내렸다. 당장 한국으로 떠나는 비행기가 없어서 사흘이 지나서야 한국에 도착할 수 있었다. 나는 그날 이후, 내 마음의 기둥을 하나 잃었다. 나는 아직도 아빠가 돌아가셨다는 게 믿어지지 않는다.

몇 년 동안은 꿈속에서 자주 아빠를 만났다. 울면서 깨는 날이 많았다. 꿈속에서도 울다가 깨서는 꿈인 줄 알고 또 울었다. 그립고 그리워서. 집에 있으면 어느 날 갑자기 아빠가 나를 찾아올 것만 같았다. 내가 길을 걷고 있으면 '짠' 하고 손을 흔들며 나타나실 것 같았다. 길모퉁이를 돌면 아버지가 담배 하나를 물고 길에 서서 계실 것 같았다. 자주 입으셨던 하늘색 와이셔츠에 검은색 바지를 입고 말이다. 나는 아직도 친정 아빠와 비슷한 걸음걸이의 중년 남성을 보면 심장이 덜컹한다. 친정 아빠가 돌아가신 지 10년이나 되었는데도 그렇다.

언니와 내가 어렸을 적에 우리 자매는 엄마와 이별을 했다. 내 나이는 고작 다섯 살이었다. 이 이별에 대해 제대로 설명해주는 사람이 없었다. 가끔 친엄마에 관해 물으면 아버지는 불편해하셨다. 나도 눈치를 보다가 어느 순간 입을 닫았다. 궁금함과 그리움은 마음속으로 삼켰다. 가족 간 일종의 금기 주제였고 서로 그저 묻어놓고 살았다.

내가 20대 중반이 되어서야 엄마가 살아 계신다는 사실을 알았다. 주민센터 공무원에게 사정을 이야기하니 친엄마의 등본을 떼어볼 수 있다고 알려주었다. 몇 년이 지나 나와 언니는 친엄마를 만날 수 있었다. 나를 낳아준 엄마의 얼굴을 30년 만에 보는 느낌은 생각했던 것보다 덤덤했다.

아빠는 이후 다른 분과 재혼도 하시고 사업도 시작하셨다. 그러나 자주 새엄마와 다투셨고 결국에 헤어지셨다. 나는 부모님의 싸우는 소리를 더는 듣지 않게 되어 오히려 안도했다. 하지만 정이 많이 들었던 새엄마를 잃고 나는 마음에 큰 구멍 하나를 또 얻었다. 그렇게 사춘기 시절을 보냈다.

아빠는 돌아가시는 날까지도 택시를 운전하셨다. 그림을 그리고 싶다던 아빠는 소년 같던 꿈을 끝내 이루지 못하고 떠나셨다. 돌아가시던 날도 그저 평범한 날 중 하나였을 것이다. 나는 아빠의 슬픔을 덜어드리는 방법을 몰랐다. 아빠의 죽음으로 인한 상실감과 죄책감에서 한동안 헤어나오지 못했다. 고민 말고 아빠에게 전화를 걸어야 했다. 아빠 목소리가 듣고 싶었던 그때, 전화 다이얼 버튼을 눌러야 했다. 며칠 전 힘이 없던 아빠의 목소리가 머릿속에 스쳐 지나갔다. 항상 당당한 우리 아빠였는데 그날만큼은 목소리에 회한이 느껴졌다.

아빠가 돌아가시던 날, 택시 일을 마치고 친구분과 소주 한잔을 드셨다고 한다. 아빠는 집에 들어가시고 나면 친구분에게 항상 전화로 잘 들어갔냐는 인사를 건넸다고 했다. 그런데 그날은 헤어지면서 아빠가 '오늘은 전화 안 한다.'라고 이야기하셨단다. 그리고 그것이 아빠의 마지막 술자리가 되었다.

돌아가시기 며칠 전에는 아빠가 시댁에 한우 세트를 보내셨단다. 돌아가시기 전까지 자식 걱정을 하셨던 분이었다. 아빠는 지금 말하는 소위 '아빠표 영어'를 언니와 나에게 해주셨다. 30여 년 전에 이미 시대를 앞서나가셨던 것 같다. 할리우드 영화를 좋아하셨던 아빠는 매주 비디오를 빌려 '흘려듣기'를 하게 도와주셨다.

캄캄한 안방에서 보는 영화 속 세상은, 조그마한 텔레비전처럼 전혀 작지 않았다. 작은 상자에서 나오는 영어 소리와 노래, 영상들로 나는 참 행복했다. 가족과 함께 시간을 보낼 수 있어서 좋았다. 노래를 좋아하셨던 아빠는 팝송도 많이 들려주셨다. 아름다운 선율의 올드팝에 맞춰 아버지와 신나게 춤을 추었다.

아빠는 아마 모르셨을 것이다. 영어를 들려주는 환경의 위대함을. 자주 반복하는 습관이 인생에 미치는 영향을. 그리고 아이에게 심어진 아름다운 추억이 주는 엄청난 힘을. 그 소소한 일상이 이어져 나는 지금 영어로 먹고산다. 영어를 평생의 업으로 삼고 살아갈 줄 몰랐다. 그리고 내

가 겪은 힘든 일들이 다른 사람들에게 큰 힘이 되고 도움이 되리라는 것
도 당시에는 몰랐다.

여러분의 진정한 기쁨은 어디에서 오는가? 어릴 적 행복했던 기억은
무엇이었는가? 깔깔 웃으며 온 세상을 다 가진 것 같았던 순간을 기억하
는가? 지금 나를 더 열심히 살아가게 만든 부모님의 말씀은 무엇이었는
가? 부모님이 우리에게 몸소 보여주신 가치가 무엇인가?

행복한 기억은 사람의 뇌에 깊이 박힌다. 그리고 가슴에 깊은 주름을
만든다. 우리는 힘든 일을 만날 때마다 그 기억에서 힘을 얻는다. 나는
친정 아빠를 통해 영어를 만났다. 그리고 그저 행복했다. 따스한 시간이
었다.

지금까지 내가 영어를 포기하지 않고 계속한 것은 아빠 덕분이다. 힘
들어도 절대 포기하지 않고 언니와 나를 제 손으로 길러내신 사랑이 있
었기 때문이다. 나도 역경에 무너지지 않는 법을 배웠다. 사람들의 시선
과 몰아치는 바람에도 꿋꿋이 우리를 키워낸 친정 아빠를 통해 나는 용
기와 희망을 보았다.

현재 나는 엄마표 영어 코칭을 하고 엄마들에게 동기부여를 하는 메신

저가 되었다. 친정 아빠는 작은 침대에서 홀로 외롭게 돌아가셨지만 나는 그 희생이 헛되지 않게 목숨을 걸고 내 일을 하고 있다.

이것이 내가 우리 삼 남매에게 행복한 엄마표 영어를 하는 이유다. 그리고 내가 가르치는 학생들에게도 긍정과 칭찬으로 영어를 가르치는 이유다. 나는 아이들에게 영어만 가르치지 않는다. 행복한 기억, 자존감, 생각하는 힘이 미래에는 어떤 열매를 맺을지 알기 때문이다.

아이들이 영어공부가 괴로우면 가슴에 크나큰 상처가 생긴 것이다. 영어를 보면 싫은 아이들은 분명히 이유가 있다. 아이가 생생하게 기억을 못 한다 해도 무의식은 다 알고 있다. 엄마의 손을 떠났을 때도 스스로 영어를 찾게 하려면 접근 방법이 전혀 달라야 한다. 엄마의 생각을 완전히 바꿔야 한다.

유창한 영어를 구사할 수 없는 엄마라면 본능대로 엄마표 영어를 하면 안 된다. 결국에는 내가 배웠던 방식으로 우리 아이에게 엄마표 영어를 하게 된다. 그러면 우리 아이가 얻을 결과는 뻔하지 않은가.

엄마가 마음이 불안하다면 엄마의 마음을 먼저 돌보자. 우리 아이들은 스트레스 없는 엄마의 모습을 보고 더 건강하게 자랄 것이다. 엄마 스스로 자기의 불안한 마음을 알아차리면 아이에게 더는 강요하지 못한다. 자각하는 것만으로도 엄마 마음의 균형을 잡을 수 있다.

아이의 인생에 엄마의 꿈을 자꾸 넘겨주지 마라. 엄마의 꿈을 위해 아이에게 영어를 들이밀지 마라. 아이는 자신만의 인생을 살아가야만 한다 그래도 엄마의 마음에 욕심이 생긴다면 책상에 앉아라. 하루에 20분이라도 엄마를 위해 공부하라. 엄마 자신의 행복을 위해 몰입하라. 엄마의 영어 실력과 더불어 자존감도 높아질 것이다. 그리고 엄마가 좋아하는 일을 매일 하라. 그렇게 행복지수를 끌어 올려라.

시간을 내어 엄마표 영어 관련 도서를 계속 읽어라. 다른 사람들의 시행착오는 나에게 귀중한 자산이다. 나는 다른 사람들의 경험을 통해 시간과 에너지를 훨씬 아낄 수 있다. 내가 운영하는 카페와 블로그에서 정보를 얻어도 좋다. 아이는 금방 성장한다. 시간이 금이라는 사실을 잊지 않았으면 좋겠다. 엄마가 공부하고 엄마가 성장하면 결과는 훨씬 빠르게, 바르게 얻을 수 있다.

파닉스를 뗀 지가 언제인데 아직도 영어책을 읽지 못하는지 의문이 생긴다면 엄마표 영어의 진정한 의미를 모르는 것이다. 영어 그림책을 읽고 나서 독서 후 활동에 치중하게 된다면? 만화만 보는 아이를 보고 조급함이 생긴다면? 아이 유아기에 마더구스와 동요 노래를 다 듣게 해주었는데 지금은 왜 기억도 못 하는지 아직 모른다면? 진짜 행복한 엄마표 영어를 하고 싶은 엄마들에게 고한다. 내가 원하는 만큼 아이가 따라주지 않아 괴로운 엄마들이여, "저는 사양합니다, 그런 엄마표 영어!"

ENGLISH

2장

엄마,
한국말은 그렇게
안 배웠잖아요

01

엄마,
한국말은 그렇게
안 배웠잖아요

나는 첫째 딸을 미국 유타주 병원에서 출산했다. 우리는 정부에서 지원을 받아 다행히 병원비 폭탄은 맞지 않았다. 출산한 후 집으로 날아온 영수증을 합산해보니 무려 2천만 원 정도였다. 미국은 서로 다른 부서에서 병원비를 청구한다. 그리고 아주 비싸다.

그 후 한국에서 두 명의 아이를 더 낳았다. 확실히 미국의 병원과 병실이 좋았다. 싸고 좋은 건 없다. 비싸면 비싼 값을 한다. 널찍한 병실에, 항상 친절한 간호사와 의사들, 세세하게 챙겨주는 서비스까지. 출산 당시에는 넓은 병실에서 진통을 겪었다. 출산 후에는 아주 쾌적한 1인실에서 몸조리를 했다. 오후 3시쯤 첫째를 출산하고 나서 태반이 나오지 않아서 비상이 떨어졌다. 수술대에 누워 마취를 받았다. 눈을 뜨니 오후 6시가 넘어 있었다. 그때 첫째 딸을 제대로 안아보았다. 미국의 다른 아기들보다도 큰 몸집과 새카만 머리카락 덕분에 병원에서 가장 눈에 잘 띄었다. 그 아이가 현재 열 살이 되었다.

한 아이가 태어나서 엄마라는 소리를 하기까지 1년 정도가 걸린다고 한다. 우리 세 명의 아이는 모두 비슷한 단계를 거쳤다. '마', '빠'를 지나 '엄마', '아빠'를 말하기 시작했다. 알아듣고 말할 수 있는 단어가 늘어나기 시작하더니 간단한 문장을 만들어냈다. 그리고 문장의 구조가 점점 복잡해지고 아는 단어수도 계속해서 늘어났다. 네 살이 된 셋째 아들은 이제는 웬만한 말은 다 알아듣고 농담도 주고받는다.

아이가 이렇게 한국어 천재가 될 수 있었던 비결은 무엇이었을까? 아이들은 그 작고 연약한 머리에서 한국어를 잘하기까지 불과 6~7년 정도 걸린다. 읽기 능력까지 생각하면 조금 더 걸린다. 그것도 별다른 노력 없이 말이다.

'미국에 가면 거지도 영어 한다.'라는 말은 우스갯소리가 아니다. 언어 습득은 특별한 능력이 요구되는 게 아니다. 우리 아이들이 한국어를 습득한 것처럼 과연 영어도 그렇게 되는 것이 가능할까? 환경만 조성해준다면 충분히 가능한 이야기이다.

언어를 통달하기까지 약 1만 시간 정도의 노출 시간이 필요하다고 한다. 이를 영어로 바꾸어 생각해보자. 매일 3시간씩 영어에 노출된다고 가정했을 때 1만 시간 채우려면 꼬박 10년이 걸린다.

조금 더 세분화해보자. 매일 7~8시간씩 한국어에 노출된 아이들이 말문이 트이기까지는 약 2,000~3,000시간이 필요하다고 한다. 그러면 영어에 매일 2시간씩 노출할 경우, 말문이 트이기까지 약 3~4년 정도가 걸린다. 매일 3시간씩이면 2년에서 2년 반이 걸린다.

우리에게 언어가 어려웠던 이유는 이런 충분한 노출을 배제했기 때문이다. 자연스러운 노출보다는 학습 위주의 공부에 많은 시간을 들였다. 상황 속에서 제시된 적 없는 영어 단어를 한글 뜻과 함께 외워야 했다. 그것들을 바탕으로 암호를 해독해가듯 영어지문을 읽어야 했다.

우리가 중등, 고등교육을 받은 지 20년이 훌쩍 지났다. 그러나 우리 아이들의 교육방식은 그리 많이 바뀌지 않은 듯하다. 제대로 접해본 적도 없는 영어를 A, B, C부터 공부한다. 파닉스를 배우는 것에는 문제가 없다. 하지만 파닉스를 배운 후 글을 읽지 못한다고 구박을 받는 아이들은 절망을 느낄 것이다.

아이들이 학교에서 배운 영어는 많지 않은데 어느 순간 책의 반 페이지 이상의 글을 이해해야 한다. 아이들이 학교에서 배운 것에 비해 시험 수준은 아주 빠르게 올라간다. 자연스럽게 사교육 현장으로 가는 아이들이 이해가 된다. 현실이 그렇다.

우리 아이들은 어느새 '영어는 어려운 거야.'라고 인식하게 된다. 자신이 똑똑하지 않아서, 언어에 재능이 없어서 하지 못한다고 생각한다. 자신이 영어를 잘하지 못한다고 한다. 제대로 배워본 적이 없는 아이들인데 말이다.

내가 대학에서 영어를 전공할 당시, 학부에는 외국에서 공부하고 온 친구들이 많았다. 수업을 몇 번 들어보면 누가 유학생 출신인지 알 수 있었다. 원어민 색깔 나는 유창한 영어 구사자들과 한국에서 공부만 열심히 하는 친구들의 차이는 엄청났다.

영어를 좋아한다는 것 말고, 내 식대로 공부한다는 것 말고는 아무것도 없었다. 그렇게 꿈꾸던 영어학과에 가서 나는 실패를 맛봤다. 해외에 살다 온 친구들만 부러워했다. 그래서 외국에 나가 공부하기를 소망했다. 당시에는 영어에 대한 자신감도 많이 없었다. 영어로 유창하게 말을 못 하니 당연했다. 외국인 교수님은 나를 대놓고 무시하기도 했다. 그 눈빛을 아직도 잊을 수가 없다.

지금 나는 원어민을 만나도 무리 없이 대화할 수 있다. 대학을 졸업하고 영어에 손을 놓지 않았다. 꾸준히 영어를 들었고 많이 따라 말했다. 그리고 많이 읽으려고 했다. 그리고 무엇보다도 꾸준히 했다.

성인이 되어 외국어를 시작한 사람 중에도 언어를 통달한 사람들이 있다. 20개국어가 가능한 스티브 커프만은 한 인터뷰에서 한국어로 이렇게 설명했다.

"언어 공부할 때, 많이 읽어요. 그리고 듣고 또 듣고, 많이 듣습니다. 발음을 듣는 게 불가능하면 말하는 것은 불가능해요. 그래서 제가 많이 들어요."

이런 이야기는 전혀 특별하지 않다. 언어에 관련한 영상들을 몇 개만 찾아보아도 내 이야기가 거짓말이 아니라는 걸 알 수 있다. 나는 이 사람들의 지능이나 재능을 차치하고라도 언어 통달은 가능한 이야기라고 생각한다. 많은 연구에서도 밝혀진 사실이다.

이런 사실을 통해서 우리가 깨달을 수 있는 것은 무엇일까? 엄마들도 영어를 배우기에 전혀 늦지 않았다는 사실이다. 그리고 우리 아이들은 더 쉽게 영어에 통달할 수 있다는 것이다.

무엇보다 중요한 것은 환경이다. 1만 시간은 결코 간단하게 해결되는 양이 아니다. 매일 3시간씩 10년이다. 매일 1시간씩이라면 꼬박 30년이 걸린다. 영어를 10년 동안 노출해준다는 건 어려운 목표임에는 맞다. 하지만 최소한 우리 아이들이 영어를 잘하지 못하는 것이 지능의 문제라고는 하지 못할 것이다. 아이들에게 '노오력'이 부족하다고도 하지 않을 것이다. 엄마가 아이를 학원을 보내지 않아서라고 자책하지 않을 것이다. 무력감을 느끼지도 않을 것이다. 우리 아이들은 영어 잘하는 친구들을 보면서 특별한 재능을 가졌다며 마냥 부러워만 하지 않을 것이다.

엄마는 갓난아이를 보며 '엄마'라는 단어를 수천 번 말해주었다. 엄마가 아이를 위해 다른 환경을 만들기 위해 힘쓰자. 재미있는 만화를 찾기 위해 유튜브에서 검색을 시작할 수도 있다. 중고서점에서 손때 묻은 영어 그림책 하나를 골라볼 수도 있다. 엄마인 나는 영어를 잘하지 못했지만, 우리 아이는 다를 수 있다는 희망에 미소가 지어질 수도 있다. 그리고 더는 '영어'라는 두 글자 앞에 좌절감을 느끼지 않을 것이다. 나도, 우리 아이도 충분히 도전해볼 만한 것이라고 생각을 바꿀 수도 있다.

지금 이 책을 읽으며 여러분은 아이보다 먼저 공부하고 생각의 폭을 넓혀가고 있다. 그래서 엄마는 위대하다. 박수 받을 만하다. 그렇게 우리는 한 걸음씩 성장해가고 있다.

단기간에 끝내는
프로그램에
속지 마라

이 한국 사회에서 영어에 대해 자유로운 엄마가 몇이나 될까? 대학을 위해 입시를 준비하는 학생들, 직장을 위해 다시 영어를 공부하는 대학생들, 입사하고 나서 진급하기 위해 영어를 놓을 수가 없는 이 현실을 우리는 잘 알고 있다. 주말에 TV를 켜면 영어를 잘하는 연예인들을 치켜세워주는 장면을 심심치 않게 볼 수 있다.

엄마들은 우리 아이들이 영어만큼은 꼭 잘했으면 좋겠다고 생각한다. 아이들이 고학년이 되면 될수록 아이들의 영어에 더 많은 교육비를 지출한다. 그러다 보면 자연스럽게 단기간에 끝내는 영어프로그램에 눈길이

간다.

영어 파닉스 5주 만에 완성합니다!
영어, 3개월이면 당신도 원어민이 될 수 있습니다!
6개월에 끝내는 영어! 입이 트입니다!

우리는 수많은 광고문구에 현혹당했다. 그리고 실패를 맛봤다. 만약 이 광고대로 언어를 완성할 수 있다면 우리 주위에 열에 아홉은 유창한 영어 구사자들이어야 한다. 그리고 지금 이 책을 읽고 있는 당신도 영어를 잘할 수 있을 것이다. 그러나 현실은 그렇지 않다.

단기간에 영어가 완성될 것처럼 우리에게 미끼를 던지는 광고에도 물론 장점은 있다. 부담 없이 시작할 수 있고, 누구나 영어공부에 도전할 수 있다는 것이다. 그러나 '영어공부에는 왕도가 없고 가장 효율적인 방법만 있을 뿐'이다. 프로그램 판매 업체에서 영어 원리나 습득의 실제는 설명해주지 않는다면 이야기가 달라진다. 첫째로는 고객에게 손해를 입히고 둘째로는 사교육 시장도 점점 신뢰를 잃을 것이다.

이제 이 책을 읽고 나면 여러분은 단기간에 끝내는 영어프로그램에 절대 속지 않을 수 있다. 언어 습득 원리를 제대로 알기만 하면 무엇이 맞고 아닌지를 구분할 수 있다. 그리고 사교육이나 업체에서 영어에 도움을 받을 때 여러분이 주도적으로 선택할 수 있다. 똑똑한 엄마들은 절대 낚시질에 낚이지 않는다.

미국 대학에서 진행된 연구를 하나 소개하겠다. 어려울 수도 있지만, 최대한 쉽게 설명해보겠다. 이 책을 지금까지 읽은 엄마라면, 충분히 이해하고도 남을 것이다. 다 읽고 나면 엄마들은 더욱 엄마표 영어에 신념이 생길 것이다. 뚜쟁이들 말에 흔들리지 않을 것이다.

다른 엄마들에게는 미안하지만, 책을 읽는 엄마들은 그리 많지 않다. 우리나라 국민의 2%만 책을 읽는다고 한다. 그중에 공부하는 엄마들이 몇 %나 차지할까? 여러분들은 1% 미만의 사람들이다. 대단한 엄마들만 모였다. 자부심을 느껴라.

지금부터 설명하는 연구에 대해 읽고 언어 습득의 원리를 파악하면 엄마표 영어의 로드맵을 그리는 데 굉장히 도움이 될 것이다. 그리고 영어를 공부하고 싶은 엄마에게도 큰 도움을 줄 수 있는 연구이니 꼭 집중해서 읽어주길 바란다.

프랜시스 몰리카라는 미국 로체스터대 교수가 있다. 이 교수는 연구진과 함께 언어 습득에 필요한 정보를 수치화하는 연구를 진행했다. 연구한 언어는 영어이다. 그래서 우리에게 아주 큰 도움이 된다.

연구진들은 언어를 술술 구사하게 되기까지의 언어 정보량이 과연 얼마나 되겠냐는 질문으로 연구를 시작했다. 여러분은 완벽한 습득을 위한 영어 정보량이 얼마나 될 것이라고 예상하는가? 먼저 답을 말해주면 호기심이 떨어지니 마지막 부분에 결론을 이야기하겠다.

언어 정보량을 측정하기 이전에 사람이 영어를 다 습득한 나이를 몇 살로 설정했을까? 연구진들이 가정한 시기는 출생부터 18세까지이다.

습득이 가능한 시기를 연구진이 18세로 정했다는 것은 우리에게 의미가 깊다. 나중에 더 설명하겠지만 단기간에 완성되는 프로그램에 대한 반증이기 때문이다. 혹시라도 여전히 영어가 몇 년 안에 통달할 수 있다고 생각하는가? 그런 부푼 꿈을 안고 있다면 멀리 하늘로 날려 보내자. 이제는 인식을 바꾸자. 그래야 큰 그림과 여유로운 마음으로 제대로 언어를 바라볼 수 있다. 그리고 제대로 시작할 수 있다.

이제 습득 기간을 한정했다. 그러면 이제 정보의 양으로 바꿀 언어 정보를 파악해야 한다. 영어의 소리인 음소, 단어, 단어의 의미, 그리고 문법적인 요소, 즉 구문이다. 우리가 모르는 개념은 없다. 이제 각 부분이 18세까지의 언어 습득에서 차지하는 정보량이 얼마나 되는지 살펴보자.

첫 번째는 음소이다. 고등교육을 받은 엄마라면, 영어 소리의 개별적인 특성들이 무엇인지 알고 있다. 아이들 영어교육의 첫 관문이 대부분 파닉스이다. 자, 이 파닉스가 언어 습득에서 차지하는 양은 얼마나 될까. 1%? 5%? 10%? 정답은 약 0.006%이다. 0.01%보다 10배 더 적다. 영어 알파벳을 통달해서 외우고 노래를 해도 습득에서 차지하는 비율은 0.006%밖에 되지 않는다. 파닉스는 우주의 먼지처럼 여기자.

두 번째, 구문이다. 구문은 단어 배열의 법칙 정도로 이해하면 된다. 문장의 규칙이다. 문법과도 겹치는 부분들이 있지만, 문법은 언어 자체의 규칙이라고 알아두면 좋다. 구문의 정보량은 위에서 말한 음소보다도 적다. 700비트로 전체의 언어 정보량에서 차지하는 비율이 음소와 비슷한, 약 0.0056%이다.

세 번째, 특정 단어의 빈도이다. 자주 등장하는 단어를 파악하는 것은 이제 음소와 구문에 비하면 엄청나게 중요해진다. 그래도 습득에서 차지하는 정보량은 아직 미미하다. 80,000비트로, 전체에서 약 0.64%를 차지한다. 이제 1%에 가까워지고 있다.

네 번째는, 단어이다. 단어는 문장 안에서 분리할 수 있는 자립적인 형태의 단위로 보면 된다. 18세가 될 때까지의 단어 자체의 정보량은 400,000비트로, 전체에서 3.2%를 차지한다. 단어를 아는 것은 음소나 구문, 그리고 단어의 빈도를 파악하는 것을 모두 합친 것보다 중요하다. 단어를 많이 암기하는 것도 언어 습득에 도움이 될 수 있다는 이야기이다. 그러나 고작 3% 정도일 뿐이다. 다음의 내용을 주목하자.

마지막은 단어의 의미이다. 단어와 단어 간의 관계를 파악하는 것이다. 어휘 의미론(Lexical semantics)을 예를 들어 설명하겠다. 장미(rose)는 꽃(flower)의 하위 단어이다. 새의 종류인 'robin', 'peacock'을 듣고 자연스럽게 새(bird)를 떠올릴 수 있다. 여러분은 시소(seesaw), 그네(swing), 미끄럼틀(slide)이라는 단어를 보면 놀이터의 놀이기구들이란 것을 안다. 개별 단어의 의미뿐 아니라 서로 어떻게 연결성을 가지는지 아는 것이다. 언어 습득에서 단어의 의미를 아는 것은 얼마나 중요할까? 결론부터 말하면, 약 96%이다. 단어의 의미를 파악하는 일은 언어 습득에서 그 무엇보다도 중요하다는 것이다.

이 연구를 이해하고 난 후 여러분은 어떤 생각을 하게 되었는가? 여러분이 내린 결론은 무엇인가? 영어의 음소, 단어 배치와 관계된 구문, 단어의 빈도, 단어형태를 알아도 습득 정보량의 4%도 되지 않는다. 이제 엄마들이 엄마표 영어에서 중요하게 생각해야 하는 것이 조금은 바뀌었는가? 파닉스와 문법에 대한 짐을 내려놓을 수 있게 되었는가? 파닉스와 문법을 잘 가르쳐주는 학원에서 도움을 받되, 우리 아이들이 영어를 많이 듣고 많이 읽을 수 있도록 도와주자.

영어를 통달한다는 것은 단어를 통달한다는 것과도 같다고 이해해도 좋을까? 물론이다. 하지만 여기에서 생각을 멈추면 안 된다. 단어를 통달한다는 것은 무엇일까? 단어 자체의 의미를 아는 것을 시작으로 단어와 단어의 관계를 파악하는 것이다. 문장 안에서, 글 안에서 이 단어가 어떤 관계를 맺고 있는지 아는 것이다. wife-husband(아내-남편)는 비슷한 범주로 묶을 수 있다. face-eyes(얼굴-눈)의 관계도 알아야 한다.

나는 언어학자가 아니므로 설명에 오류가 있을 수 있고 충분한 설명이 되지 않았을 수도 있다. 하지만 우리는 이 기사를 통해 우리가 그동안 암묵적으로 알고 있었던 언어 습득에 풀리지 않던 부분에 실마리 정도는 충분히 얻었을 것이다.

단어 간의 의미를 파악할 수 있는 가장 효과적인 방법은 살아 있는 영어의 환경에 노출되는 것이다. 우리는 아이들에게 영어를 노출하는 환경을 만들면 된다. 많이 보고, 많이 듣고, 많이 읽으면 아이들은 영어를 자연스럽게 습득하게 된다.

  이제는 학원에서 비싼 돈을 주고 배우고 맘에 들지 않는 결과에 사교육 시장을 욕하지 말자. 대신 아이의 영어를 위해 최우선에 두어야 할 것은 살아 있는 영어의 노출이라는 것을 마음속에 새기자. 더는 우리는 영어를 단기간에 성공할 수 있다는 광고에 속지 않기로 약속하자.

03

여전히 90년대에
머물러 있는
엄마들

눈치 빠른 엄마들은 요즘 어떻게 엄마표 영어를 할까? 일단 유튜브를 보여주는 것에 두려움이 없다. 아이들이 스스로 조절할 수 있도록 일찍부터 교육한다. 일부러 많은 돈을 들여 DVD를 구매할 필요도 없다. 엄마는 넷플릭스, 왓챠 등 동영상 스트리밍 서비스에 익숙하다. 그 때문에 아이들에게도 이 플랫폼을 사용하여 엄마표 영어를 한다.

TV 공영방송보다는 엄마가 좋아하는 콘텐츠를 찾아본다. 아이들도 자신의 관심 분야들을 이미 섭렵하고 있다. 여러 가지 애플리케이션을 검색해서 아이들 영어교육에 도움이 될 만한 것들을 찾아낸다. 인터넷에서 아이가 관심 가질 만한 기사나 이야기들도 읽기 자료로 사용한다. 필요하다면 화상 영어나 영어교육 온라인 서비스, 혹은 사교육도 자유롭게 이용한다.

엄마도 함께 영어공부를 한다. 엄마도 영어 콘텐츠를 보기도 한다. 아이들은 이런 분위기 속에서 영상과 읽기 자료 바다에서 즐겁게 헤엄치며 논다. 아주 자연스럽게 영어를 습득해간다. 임아연 씨는 〈시빅뉴스〉, 독자 투고란에서 유튜브의 장점을 이렇게 설명했다.

"나는 유튜브를 보면서 더 많은 간접체험을 하게 됐고, 그 경험으로 인해 더 많은 체험을 하려고 노력하고 있다. 예를 들면, 여행, 전시 관람 등이 있다. 유튜브로 간접체험만 하다가 실제로 체험하고 싶다는 생각이 들기도 했고, 유튜브에서는 어떻게 보면 식상한 일들을 나의 일상 속에서 식상하지 않게 직접 해보고 싶기도 했다."

스마트폰과 유튜브의 등장은 우리의 삶을 바꾸어놓았다. 요새 유튜브를 안 보는 사람이 없다. 볼거리들이 넘쳐난다. 간접 경험할 수 있다. 모르던 세계를 경험함으로써 하고 싶은 일들도 전보다 다양해졌다. 보는 것이 힘이고, 아는 것이 힘이 되었다. 인터넷상에서 배우고 싶은 것들은 어렵지 않게 찾을 수 있다. 정보의 양은 수천만 배로 늘어났고 몰라서 못

하는 시대는 지나갔다. 아이들에게 보여줄 영어 자료가 넘쳐난다. 영어 뿐 아니라 세계와 소통이 가능해졌다. 아이들의 흥미를 끄는 영상들은 손가락 터치 몇 번이면 영어, 중국어, 프랑스어 등 세계의 언어로 볼 수 있다.

하지만 엄마들은 혼란스럽다. 아이를 이 정보의 바닷속에 들여보내는 것이 맞는지 고민이 된다. 어릴 적부터 TV는 바보상자라는 말이 머리에 맴돈다. 영상만 보고 있는 아이들이 바보가 되어가는 것은 아닌지 걱정 이 된다. 아이들이 스스로 생각하지 못할까 봐 엄마는 불안하다.

엄마는 아이들이 영상만 보는 것이 달갑지 않다. 아이가 만화만 본다 고 해서 정말 영어 실력이 느는지 불안하다. 영상 노출을 그렇게 중요하 게 생각하지 않는다. 그래서인지 엄마표 영어를 진행하다 보면 영상 노 출 시간이 들쭉날쭉하다.

영어 그림책에 비중을 두고 있지만, 아이가 책 읽기에 잘 따라와주지 않는다. 영상도, 책도 내 맘처럼 되지 않는 엄마표 영어가 되어간다. 시 간만 낭비한 것 같다. 더는 늦지 않게 학원으로 보내야 하는 것은 아닌지 고민이 된다. 엄마는 아이에게 언제 파닉스를 시작해야 하나 기회만 엿 보고 있다. 아이만 괜찮다면 어서 알파벳을 제대로 가르치고 싶다. 몇 번 파닉스도 알려주어봤지만 아이는 영 관심이 없다. 유튜버들의 추천 교재도 사서 가르쳐보았다. 하지만 아이의 영어책 읽기 실력은 기대 이하이다. 파닉스를 다 떼었지만, 문장을 제대로 읽어나가지 못한다. 영어를 읽고 나서 해석해주지 말고, 뜻도 묻지 말라고 해서 눈치만 보고 있다.

책과 유튜브에서 추천한 영어 그림책들이 집에 쌓여간다. 아이는 책을 읽을 생각이 없다. 먼지가 쌓이는 영어원서들을 보니 본전 생각이 난다. 그 집 아이는 재미있게 읽었다는데 우리 집 아이는 왜 싫다고 할까? '내 영어 발음 탓인가'하는 죄책감도 든다. 아이에게 틈틈이 영어 단어 공부를 시키지 못해서 그런 것 같다. 단어가 부족하니 영어 그림책도 재미가 없으리라 생각한다. 문법 공부도 필요한 것 같다.

주위에 도움을 주는 사람들은 왜 이렇게 없는지 모르겠다. 집에 사는 남의 편도 역시나 내 편이 아님이 분명해졌다. 동네 언니, 동생들은 유난스럽다고 한마디씩 한다. 왜 사서 고생을 하냐며. 지난밤 원서를 고르느라 눈그늘이 더 짙어진 탓이다. 푸석한 얼굴이 원망스럽다.

오늘도 참고해야 할 유튜브 영상 목록이 한가득이다. 혼자만의 싸움이 너무 외로워 여러 카페에도 들락거렸다. 괜히 왔다 싶다. 내 엄마표 영어는 엄마표 영어 축에도 못 끼는 것 같다. 영어 잘하는 엄마, 독후활동 잘 만드는 엄마, 아이와 행복하게 엄마표 영어 하는 엄마들 모습에 기가 죽는다. 혹시나 하고 왔다가 역시나 하며 창을 닫는다.

이 중에 하나라도 해당이 되는 엄마들이 있는가? 그렇다면 전형적인 한국식 영어교육을 받은 엄마들임이 분명하다. 그리고 전형적인 한국 사람들 주위에 둘러싸인 백의민족, 홍익인간의 뿌리를 가진 한국인 엄마이다. 이제 나도 조심스레 손을 들어본다. 이 사례들은 내가 경험한 것과 주위에서 보고 들은 내용을 각색하였다.

여러분의 고민은 아이의 문제도, 엄마의 문제도 아니다. 우리가 경험한 영어교육에서 뿌리내린 사고방식이 문제다. 그 부분을 찾아서 바꾸어 버리면 해결은 간단하다. 변화의 시작은 문제를 아는 데서 시작한다고 하지 않았는가.

나도 나만의 시행착오를 겪었지만, 엄마표 영어를 포기할 생각은 안 했다. 우리 아이들은 무조건 된다고 믿었다. 지금도 그 믿음은 변화가 없다. 만약 내가 '영알못'에서 영어를 잘하게 된 경험을 하지 않았다면 이야기는 달랐을 것이다. 내가 실패해봤기 때문에 엄마표 영어도 포기했을 가능성이 크다. 이렇게 엄마의 경험과 생각이 결과에 어마어마한 영향을 미친다. 나는 아이들의 실력이 느는 게 보여서 멈출 수가 없었다. 그 사소한 변화가 눈덩이가 될 것이 보였다. 만약 내가 영어를 알지도 못하는 엄마였다면 어땠을까? 언어 습득을 몸으로 체험한 적이 없어서, 확신보다 의심이 더 컸을 것이다. 엄마표 영어를 하다가 만나는 난관에 손사래를 쳤을 것이다. 남들은 된다지만 나는 안 된다고 포기했을 것이다.

내가 아버지와 즐겁게 영어 콘텐츠를 접했던 경험이 힘의 원천이었다. 나는 영어의 기쁨을 선물 받은 행운아였다. 언니가 소개해준 팝송이 아니었다면 나는 지금처럼 영어를 즐기지 못했을 것이다. 영어 노출 환경은 한 사람의 영어에 지대한 영향을 미친다.

나는 사교육 한 번 제대로 받지 못했다. 영어 회화학원은 근처도 가본 적이 없다. 담임선생님이 선물로 주신 영어 회화 테이프 하나로 공부를 시작했다. 그러나 지금 나는 유창하게 내 생각을 영어로 표현한다. 삶의 점들이 이어져서 지금 나는 영어에 인생을 걸었다. 이것이 우리 아이들과 학생들을 가르치고, 엄마들을 돕고 있는 이유다.

오화진, 김성윤의 저서, 『내 아이 영어교육 이렇게 하면 끝!』에서 엄마표 영어 원리를 제대로 설명하고 있다. 이중언어를 위한 장기적 영어 로드맵을 구체적으로 제시한다. 이 책에서 저자는 파닉스에 대해 이렇게 설명했다.

"파닉스는 우리말에서 한글을 가르치는 것과 똑같다. 열심히 책을 읽어준 아이가 어느 날 글자에 관심을 가질 때, 엄마는 한글을 가르치기 시작한다. 방법도 다양하다. 통문자로 읽기 시작하는 예도 있고, 가나다라부터 시작할 수도 있다. 책을 많이 읽은 아이는 스스로 깨우쳐 읽기 시작하기도 하고, 학습지나 선생님을 붙여 한글을 가르쳐야 겨우 읽는 아이도 있다."

이 책에서 한국어와 영어를 구분하지 않는 이유는 무엇인가? 언어의 습득 원리는 별반 다르지 않기 때문이다. 우리가 공부한 영어는 학습으로써, 시험을 위한 과목으로서의 언어였다. 엄마의 경험을 엄마표 영어와 분리하지 못할수록 엄마표 영어 실패의 가능성은 점점 커진다.

엄마표 영어가 성공할 수밖에 없는 이유는 언어 습득 원리에 따른 방법이기 때문이다. 게다가 각 아이의 수준과 관심에 맞추기 때문에 재미와 흥미도 잡는다. 그런데 원리를 놓치면 다 놓치게 된다. 사소한 문제에 엄마가 흔들리게 된다. 계속 다른 방향으로 간다. 결국, 내가 배운 대로 아이를 몰고 간다. 습득과 학습을 구분하지 못한다. 영어를 학습시켜야 안심이 되는 엄마라서 중요한 것들은 오히려 간과하게 되는 것이다.

우리가 그렇게 열심히 해도 정복하지 못했던 영어라 그렇다. 아이들은 몇 배로 더 열심히 하면 될 것 같다고 생각한다. 문법책을 더 파지 못해서, 단어장을 끝까지 외우지 못해서 그렇다고 생각한다.

옛날처럼 돈 많은 사람만 영어를 잘하게 되는 시대는 완전히 끝났다. 해외에 가야지만 언어를 배울 수 있는 시대도 지났다. 지금처럼 전 세계가 연결된 시대에 생각이 과거에 있다. 90년대에 머물러 있는 엄마들의 생각을 어떻게 바꿀 수 있을까?

이제는 파닉스, 단어장 공부, 문법 공부에 대한 환상을 완전히 버려라. 한국어를 습득한 방법을 떠올리고 또 떠올려라. 우리 아이가 첫 엄마를 부른 순간의 감동을 가슴에서 찾아내라. 영어는 한국어와 다르지 않다고 주문을 걸어라. 영어는 특별하지 않다고 생각하라. 내가 실패한 경험과 우리 아이는 다르다고 믿어라.

그리고 엄마가 다시 영어공부를 당장 시작해라. 아이가 만화를 볼 때 그 옆자리를 지키기만 하면 된다. 아이보다 조금만 먼저 영어 그림책을 읽어라. 그리고 엄마가 즐겁게 읽을 수 있는 책을 찾아라. 아이에게 행복하게 읽어줘라. 이 과정을 반복해라. 몸이 기억하는 습득법은 엄마의 엄청난 자산이 된다. 그래야 내 아이의 영어 실력도 쑥쑥 자라날 것이다.

04

우리 아이를
계속 인내의 시험대에
올리지 마라

우리 첫째에게 책 읽기를 강요한 적이 있었다. 모든 문제의 시작은 책에 나온 사례를 그저 따라 하게 되면서다. 스스로 생각하기보다는 성공 사례를 무작정 적용하면 탈이 나기 마련이다. 여기에서 말하는 '강요'는 단순한 조언과는 비교가 안 된다.

우리 아이에게 '집중 듣기'를 강요한 적이 있다. 정해진 시간 동안 영어 책에서 눈을 떼지 않고 소리를 들으며 책을 읽는 행위이다. 그리고 아이는 영어에 흥미를 잃기 시작했다. 아이 마음에 경고등이 소리가 점점 커졌다. 이러다가 아이가 영어는 잘할지언정, 영어 자체를 스스로 즐기지는 못할 것 같았다. 지금 생각해봐도 아이 눈빛을 읽고 금방 그만두기를 참 잘했다.

지금 어린아이를 키우고 있는 엄마들은 이해가 안 갈 수 있다. 나도 아이가 어릴 때는 내가 이럴 줄 몰랐다. 초등학교에 들어가고 아이 나이가 한 살 한 살 먹는데도 공부에 여유로운 엄마라면 대단한 엄마이다. 자식 공부에 대한 걱정은 엄마들이 겪는 자연스러운 과정이다.

아이들의 인내심은 그리 강하지 않다. 자기 마음대로 일이 풀리지 않으면 울고 소리를 지른다. 머리를 빗다가 빗을 집어던지기도 하고 옷을 벗다가 잘 안되면 소리를 지르기도 한다. 아이들의 본성이 그렇다. 곁에서 보면 아이들은 놀고 즐기며 사는 법밖에 모르는 것처럼 보인다.

엄마가 미래를 걱정하는 것만큼 아이들은 세상을 걱정하지도 않는다. 아이들은 엄마가 겪은 실패와 좌절을 전혀 모른다. 엄마가 미래를 걱정한다는 것은 살아오면서 성공보다는 실패를 많이 겪었기 때문일 것이다.

엄마들은 우리 아이들만큼은 인생의 쓴맛을 덜 맛보기를 바란다. 자신의 가능성을 잘 발휘하고 살아가기를 소망한다. 아이들이 원하는 꿈을 멋지게 이뤄가며 살았으면 한다. 엄마도 꿈이 있었고 그 꿈 때문에 행복했던 시절을 마음 한구석에 품고 있다.

엄마의 영어 인생은 어떠했는가? 학창시절 혹은 취업을 위해 영어를 공부하던 시절을 떠올려보자. 여러분이 배웠던 영어는 과연 긍정적이었나? 아니면 부정적이었는가? 영어를 쉽다고 느끼는가? 아니면 어렵다고 생각하는가? 자연스럽게 영어를 배웠는가? 아니면 힘들게 영어를 공부했는가? 지금 여러분은 영어 실력에 만족스러운가? 아니면 영어가 두려운가? 우리 아이들이 미래에 영어를 잘할 수 있다고 믿는가? 아니면 걱정이 되는가?

나는 대학교 때 영문법 강의가 너무 어려워 수업을 포기한 적이 있다. 그 후, 강의실 복도에서 교수님을 마주쳐서 심장이 떨어질 뻔했다. 교수님은 내가 수업을 포기했다는 것도 모르시고 과제를 잘 제출하라며 독려해주시기까지 했다. 미국에서 버스 기사에게 실언을 내뱉은 적도 있다. 월마트에서는 점원에게 영어를 잘하지 못해서 대놓고 무시당한 적도 있다. 나도 많은 실패를 경험했다.

그러나 영어를 포기하지 않았고 나의 가능성을 제한하지도 않았다. 그때 내가 안 될 것이라고 믿었다면 지금 나는 이렇게 책을 쓰지 못했을 것이다. 그리고 우리 아이들에게 영어 그림책을 읽어주지도 못했을 것이다. 미국에 사는 친구와 영상통화를 하며 영어로 대화하는 것은 상상도 못 했을 것이다.

지금 엄마의 머릿속에는 영어는 어떤 이미지인가? 영어지문을 해독하려고 눈이 빠지라고 문장을 째려봤던 적이 있는가? 영어 단어를 외우려고 영어사전을 씹어먹어볼까 고민했던 적이 있는가? 외국인을 마주치면 온몸이 굳는 경험을 한 적이 있는가?

영어가 모국어가 아닌 우리의 환경에서 영어 영상, 팟캐스트, 그림책, 원서를 통해 배우는 것만큼 효과적인 방법은 없다. 그렇다 하더라도 아이들에게 강요하는 것은 규칙 위반이다. 강압은 무조건 실패의 지름길이다. 나도 그 지름길로 갔다가 한참 걸려 제자리에 돌아왔다.

엄마표 영어 초창기에 어떤 책에서 추천받은 한 머더구스 영상과 음원을 틀어준 적이 있다. 왠지 고개가 갸웃했지만 그래도 아이들에게 보여주고 들려주었다. 도저히 참지 못하고 노래를 껐다. 그 영상과 음원이 만들어진 시기를 찾아보고 이해가 되었다. 10년도 더 전에 만들어진 영상이었다.

우리가 어릴 때 〈뽀뽀뽀〉를 사랑했지만, 우리 아이에게 교육을 목적으로 〈뽀뽀뽀〉를 보여줄 필요는 없다. 우리가 〈만들어볼까요?〉를 보며 만들기에 열의를 불태웠을지라도 요즘에는 〈허팝〉 채널이 훨씬 창의적인 것 같다. 우리 아이들이 시청할 영어 영상들은 평생을 시청해도 다 못 본다. 아이들이 자라는 속도보다 영어 콘텐츠 제작되는 속도가 더 빠르다. 그런데 왜 꼭 〈맥스 앤 루비〉인가? 왜 비싼 돈을 주고 DVD를 사서 영어를 시청해야 하는가? 20년 전 제작된 머더구스 노래 CD를 사서 왜 우리 아이에게 지금 들려주고 있는가?

우리는 지금 영어 배우기에 가장 좋은 시대에 살고 있다. 유튜브와 넷플릭스의 등장으로 정말 좋은 시대를 누리고 있다. 최신 영어 그림책들도 현지에서 우리 집 문 앞까지 무료로 받아볼 수 있는 시대가 되었다. 꼭 책이 아니라도 인터넷상에 아이들이 읽을 수 있는 글들이 엄청나게 많다. 정보가 부족한 시대는 이미 지나도 한참 지났다. 우리는 더는 몰라서 못 하는 일은 없다. 이런 정보들을 과연 우리에게 어떻게 적용해야 할까? 바로 나를 바로 알고 우리 아이를 바로 알 때 제대로 시작할 수 있다. 여러분 각자의 경제 상황과 아이와 함께할 수 있는 시간도 파악해야 한다. 많은 정보 속에서 우리의 삶에 조화롭게 적용해가면 된다.

어떤 것이든 원리를 파악하면 엄마의 머리에서 다양하고 창의적인 방법이 나온다. 내 아이의 이름도 모르는 사람이 내 아이 영어공부 시간을 정할 수 있을까? 세상의 꽃처럼 다양한 아이들에게, 책 속 아이가 공부한 방식을 따라 하라고만 강요할 수는 없다.

10여 년 전에 만들어진 만화나 음원과는 완전히 결별해라. 엄마표 영어의 기본 원리는 영상을 보며, 텍스트를 읽으며 영어를 습득해나간다는 것이다. 아주 어린 아이가 있는 집이라면 넷플릭스에서 〈Word Party〉를 보여줘라. 중국어까지 알려준다.

책을 많이 읽히겠다는 욕심은 버리자. 책 읽기가 중요하다지만 한국어도 안 읽는 아이에게 영어책을 들이미는 것은 그만두어야 한다. 엄마와 즐겁게 읽는 영어 그림책 한 권이 아이에게 긍정적인 기억을 선물할 것이다. 책의 재미를 알게 해주기 위해 노력하자. 아무리 좋은 약이라도 우리 아이에게 맞지 않으면 독약이나 다름없다. 우리 아이들에게 인고의 시간을 견뎌내라고 하지 말자. 엄마의 실패 경험은 엄마로 족하다. 내가 경험한 영어의 역사와는 전혀 다른 경험을 선물하고 싶다면 내 생각을 믿지 말자. 본능에 따르지 말고 엄마표 영어를 더 공부하자. 나도 성장하고 아이도 성장할 것이다. 내가 운영하는 유튜브 〈애니쌤의 엄마표영어 TV〉에 와서 함께 공부하고 성장해가자.

나는 가르치는 학생들에게 칭찬을 많이 한다. 요즘 아이들, 불안하고 자존감 낮은 친구들이 많다. 나는 항상 이야기한다.

"괜찮아. 지금 배우는 중이니까 괜찮아. 지금 틀린 것에 부끄러워하지 마. 선생님은 네가 틀렸다고 부족하다고 생각한 적이 한 번도 없어. 지금 이 자리에서 공부하는 네가 정말로 대단하다고 생각해."

나도 열다섯 살에 영어공부를 시작했다. 그래서 나는 진심으로 우리 학생들이 대단하다고 생각한다. 아이들이 공부를 잘해서가 아니다. 나도 해냈기 때문에 우리 아이들도 해낼 것이라고 믿는다.

나는 아이들을 가르칠 때 무엇보다도 학생들의 심리적 부하를 낮추는 데 최선을 다하고 있다. 결국은 심리적인 문제가 중요한 순간에 아이 공부를 방해하기 때문이다. 습득이 잘 이뤄지는 데는 낮은 불안감, 높은 동기, 높은 자신감이 중요하다고 밝힌 스티븐 크라셴 박사님의 말씀을 현장에서 매 순간 확인하고 있다.

아이가 좋아할 만한 영상과 읽기 자료는 분명히 있다. 아이가 즐거워하며 영어 콘텐츠들을 접할 기회가 곳곳에 널려 있다. 다만 아이마다 때가 다르고 집중할 시기도 다르다. 그러니 우리 아이들을 계속 인내의 시험대에 올리지 말자.

05

원리를 아는
엄마는
편안하다

몇 년째 다이어트를 하고 있는지 모르겠다. 임신과 출산을 반복하면서 늘어난 뱃살이 빠지질 않는다. 중학교부터 대학교까지는 춤을 췄었다. 체력이 꽤 좋았다. 많이 먹어도 특별히 살이 찌지는 않았다. 결혼 후에는 운동을 꾸준히 해왔다. 채식도 도전해봤고 과일식도 해봤다. 운동을 쉬기라도 하면 금방 살이 찐다.

우리가 만약 살을 빼고 싶다면 어떻게 하면 될까? 답은 간단하다. 적게 먹으면 된다. 덜 먹고 더 움직이면 된다. 근육을 늘려서 기초대사량을 늘릴 수도 있다. 몸이 소비하는 에너지량을 늘리는 방법이다. 운동 방법이

나 식단 챙기기는 그다음이다. 아무리 식단을 지키고 음식 군을 통제해도 움직임이 적고 순환이 안 되면 살이 안 빠진다. 운동을 아무리 열심히 해도 먹는 양을 절제하지 않으면 사진 속 완벽한 몸매는 영원히 가질 수 없다.

영어를 잘하는 방법은 무엇일까? 많이 보고 듣고 읽는 것이다. 한국어를 잘하는 방법도 외국어 습득과 다르지 않다. 한국어를 말하게 하려고 엄마는 아이에게 '물'이라고 수천 번 말해주었다. 수준에 맞는 재밌는 책도 읽어주었다. 아이 주변의 사람들은 아이 수준에 맞추어 말을 걸어주었다. 우리는 본능적으로 아이들의 언어 습득을 위해 힘써왔다. 몸이 아는 언어공부법이다.

원리를 파악하지 않고 엄마표 영어를 시작했다면 어떤 문제를 겪을까? 엄마표 영어를 하면서 유혹이 많다. 남편이 도와주지를 않아서, 책값이 생각보다 많이 들어서, 혹은 아이들이 거부해서 그만두기 쉽다. 이 방법, 저 방법이 흔들리다가 결국 자리를 잡지 못하고 그만두게 된다. 다른 집들은 쉽게 엄마표 영어를 하는 것 같은데 본인은 너무 어렵다. 그래서 원래 목표와는 다르게 사교육에 아이 영어를 맡기게 될 수 있다.

원리를 알게 되면 엄마표 영어가 그리 어렵지 않다. 이것이 바로 엄마표 영어의 매력이다. 이렇게 걱정이 없어도 되나 싶을 정도로 편안하다. 일단 아이들은 자기들이 영어를 공부하는지 모른다. 놀고 즐기다 보니 영어를 알게 된다.

최근에 첫째 아이 파닉스 문제집을 봐주었다. 영어를 어떻게 잘하게 되었느냐고 아이에게 묻자, 이렇게 영어공부를 해서 그렇다고 대답하더라. 지금 2년째 엄마표 영어로 공부하고 있는데 그 사실을 나만 알고 있다. 우리 아이가 학교에서 제일 좋아하는 과목이 영어다. 엄마의 노고를 '언젠가는 알아주겠지.' 하며 은근히 기대하고 있다.

엄마표 영어의 원리란 게 무엇일까? 나는 이렇게 정의한다. 모국어와 같은 방식으로 영어를 습득하게 도와주는 엄마의 홈스쿨링. 모국어와 같은 방식은 무엇이고 습득과 학습은 무엇인가? 앞서 설명한 한국어를 배우게 되는 방법을 떠올리면 쉽다.

주위 사람들을 통해 반복해서 듣고 보았다. 임계점이 지나면서 우리도 쉬운 말부터 한국어로 말할 수 있게 되었다. 듣기와 말하기가 어느 정도 된 후, 글자를 배우면서 스스로 읽는 법을 배웠다. 듣고 이해하는 게 먼저였고 문자는 나중이었다. 좋아하는 분야의 글이나 책을 읽어가면서 지식을 넓혀갔다. 엄마에게 간단한 메모를 남기거나 친구에게 편지도 쓰기 시작했다. 한국어는 이제 완전한 소통 수단이 되었다. 사람들과 이야기하고 TV 프로그램을 보며 시간을 보내기도 한다. 그리고 이런 과정이 반복되면서 우리의 언어 실력이 계속 발전했다.

언어 습득은 언어가 노출되는 환경에서 자연스럽게 배움이 일어나는 것이다. 자전거를 타는 방법에 대한 글을 읽을 수는 있지만, 자전거를 직접 타는 행위는 다른 차원의 이야기다. 학습은 자전거에 관한 공부로 이해하면 된다. 아이가 어느 정도 귀가 뜨이고 말을 하고 싶어 하면 사설 업체의 도움을 받을 수도 있다. 요즘에는 화상 영어도 대안으로 떠오르고 있다. 엄마가 영어로 대화를 걸어준다면 그것도 효과적이다.

언어 습득 원리를 잘 파악하고 있으면 이 핵심에서 뻗어나간 수만 가지의 효과적인 방법을 만날 수 있다. 아이마다 다르다. 어떤 아이에게는 효과적이었던 방법이, 다른 아이에게는 맞지 않을 수 있다. 각자의 특별한 방법을 찾기만 하면 아이는 갈수록 영어공부가 더 쉽다.

아이가 보는 만화, 좋아하는 영화, 듣는 영어 노래, 재밌게 읽는 그림책, 챕터북도 모두 다르다. 추천 영상과 도서는 추천일 뿐 정답이 아니다. 내 아이의 관심사와 흥미를 파악하는 것이 먼저다. 어떤 아이는 레고 설명하는 영상으로 영어를 통달할 수도 있다. 어떤 아이는 공주 책으로 영어 읽기를 정복할 수도 있다.

언어 습득의 원리를 모르면 자꾸만 영어 영상을 보여주는 것이 걱정된다. 파닉스 공부를 싫어하는 아이가 걱정된다. 파닉스를 떼고 나서도 글을 읽지 못하는 아이가 답답하다.

남들이 추천한 그림책들은 다 사야 할 것 같다. 아이가 아무리 거부해도 영어책을 꼭 읽혀야 할 것 같은 부담감이 있다. 비싼 돈 주고 사들인 영어책들을 멀찌감치 밀어놓은 아이가 얄밉다. 엄마가 골라준 영상을 영지루해하는 아이가 이해되지 않는다. 어릴 때는 영어 그림책과 영화 대사를 줄줄 외웠는데 크고 나니 어떻게 도와주어야 할지 모르겠다. 학원이나 영어 유치원에 보내고 싶은데 왠지 눈치가 보인다.

아직도 습득과 학습이 이해되지 않는 엄마가 있다면 한 가지 추천하고 싶은 방법이 있다. 바로 엄마가 영어공부를 시작하는 것이다. 엄마의 영어공부는 실패할 수도 있고 성공할 수도 있다. 하지만 최소한 아이 마음은 충분히 이해할 수 있다. 안 그러면 소중한 아이와 싸운다. 우리는 이미 영어공부로 많은 시간을 보냈고 씁쓸한 경험을 해오지 않았는가.

남의 집 아이가 영어공부한 방법은 그만 찾아봐도 좋다. 대신 외국인

중에 한국어를 잘하게 된 사람들 영상을 찾아봐라. 아니면 한국인 중에 영어를 잘하게 된 사람의 비결을 들어봐도 좋다. 아이들 본인은 자기가 어떻게 영어를 습득하게 되었는지 사실 잘 모른다. 하지만 성인 학습자들은 다르다. 시행착오를 어떻게 극복했는지도 설명해준다. 어떠한 방식으로 언어를 터득하게 되었는지 세세하게 알려줄 것이다.

우리는 혁명적인 시대에 살고 있다. 손으로 클릭 몇 번이면 아이들을 위한 영어 교육방법을 찾을 수 있기 때문이다. 사람들에게서 다양한 언어 습득 방법을 들을 수 있다. 그리고 더 놀라운 사실이 있다. 성인이 되어 외국어 공부를 시작한 사람 중에 외국어에 능숙해진 사람들도 꽤 많다는 점이다. 엄마가 이런 점들을 알면 우리 아이들이 얼마나 무한한 가능성을 지녔는지 감사한 마음이 들 것이다.

엄마표 영어를 하는 엄마들은 사실 외롭다. 남편들은 남의 편이다. 사실 별로 관심이 없다. 부인에게 차라리 학원을 보내라고 타박하는 남편들도 있다. 만약 여러분 중에 엄마표 영어를 적극적으로 도와주는 남편이 있다면 두 손을 잡고 이렇게 말해줘라. "내가 전생에 나라를 구했나 봐요."라고.

한국어 이외에 다른 언어를 할 줄 아는 부모는 아이를 위한 언어 교육

방법이 무엇인지 잘 안다. 몸이 알고 있다. 어떻게 해야 내 입에서 외국어가 튀어나오게 되는지 알기 때문이다. 외국어를 할 줄 모르는 엄마라면 원리를 파악하는 데 많은 시간을 들여야 한다. 그래야 남편이 타박해도 흔들리지 않는다. 당당하게 한마디 날릴 수 있다. "당신이 외국어 습득론을 알아?"라고.

주위에서 유별나다고 말해도 별로 속상하지 않다. '언어를 어떻게 배우게 되는지 잘 모르는구나, 나도 그랬었지.' 하고 웃어넘길 수 있다. 스스로가 확신이 없으면 자꾸 주위에서 가벼운 말 한마디에 휘청휘청한다. 엄마 마음 다잡으면서 아이까지 끌고 가야 하니 힘든 것이다. 엄마가 우뚝 서면 엄마표 영어는 쉽다.

엄마도 영어공부를 시작해봐라. 영어를 잘하기 위해서가 아니다. 아이를 이해하기 위해서. 잘못된 방법을 주장하지 않기 위해서다. 아이를 더욱 응원해주고 칭찬해주기 위해서다. 엄마도 영어 실력이 늘면 일거양득이다.

그리고 외국어를 잘하는 성인 학습자들의 영상을 찾아봐라. 그래서 우리 아이의 엄마표 영어에 팁을 얻어라. 좋은 아이디어를 많이 얻을 수 있다. 그리고 아이를 보는 낙관적인 시선은 저절로 따라올 것이다.

언어를 터득하기 너무 좋은 시대가 왔다. 우리 아이들은 복 받았다. 엄마가 아는 만큼 아이들에게 더 좋은 환경을 선물해줄 수 있다. 원리를 아는 엄마는 편안하다. 그래서 아이들도 행복하다.

06

책대로
따라 했다간
멀리 돌아갈 수도 있다

앞에 언급했듯이 나도 우리 아이에게 '집중 듣기'를 시도한 적이 있다. 이상하게 그 '집중 듣기'는 꼭 한번 해보고 싶었다. 엄마표 영어에서 꼭 넘어야 할 산처럼 보였던 것 같다. 하기만 한다면 우리 아이의 영어가 성공할 것 같았다.

그런데, 아이는 영어가 싫어진 것이 분명했다. 억지로 시키는 엄마도 원망하고 있는 듯했다. 하지만 두 번째 시도인데도 아이가 저렇게 싫어한다면 그럴 만한 이유가 있다고 믿었다. 조금 더 진행하면서 지켜보기로 했다. 지난번과 달랐던 점은 아이가 집중 듣기를 거부한다면 방법에 문제가 있을 것이라 믿었던 것이었다.

그리고 나는 엄마표 영어 관련 다른 자료들을 계속 찾았다. 아이가 스스로 책을 재밌게 보는 방법이 무엇일까 고심했다. 관련 유튜브 영상들도 보고 이전에 읽었던 책들도 꺼내 읽었다. 그리고 문제를 알게 되었다. 나는 아이에게 영어가 즐거운 일이라는 인상을 심어주지 못했다는 것을. 아이에게 영어가 즐겁지 않은 것이고 부담이라면 이건 실패할 것이 불 보듯 뻔했다. 정신이 번쩍 들었다.

나는 먼저 나에게 긴급 처방을 내렸다. 즐거운 엄마표 영어를 0순위에 두기로 했다. 그리고 읽기는 스스로 때가 되면 하므로 절대 강요하지 않기로 했다. 읽기보다 영어 시청과 듣기를 더욱 우선하기로 했다. 원서 보는 아이에 대한 환상을 버리기로 했다.

아이를 더욱 존중하기로 했다. 대신 즐겁게 책 읽는 기억을 심어주는 것을 목표로 했다. 단 한 권을 읽어도 즐겁게 읽기로 했다. 아이가 원하면 언제든지 멈추기로 했다. 그리고 영어를 읽는다고 생각이 안 들 정도로 영어 그림책을 읽고 나서 한국말로 마음껏 이야기하도록 했다.

우리 아이는 한 달 동안 영어책을 읽지 않았다. 대신 내가 잠자리에서 두세 권씩 읽어주었다. 못하는 날도 많았다. 그러나 나는 이전보다 훨씬 여유롭고 편안했다. 아이와 내가 즐겁게 영어책을 읽고 있었기 때문이다. 억지로 해서 아이에게 남는 것은 껍데기일 뿐이라는 것을 알기에 여유로울 수 있었다.

그리고 아이가 잘 보는 영어 만화의 대본을 뽑아 주었다. 읽기가 꼭 책이어야만 하는 법이 있는가? 아이는 두 장 넘게 술술 읽어나갔다. 그렇게 읽기를 잘하는지 몰랐다. 영어 그림책은 수준이 높은 책들도 많다. 그런데 만화 대본은 난이도가 들쭉날쭉하지 않아 좋다. 만화가 유아 대상이라면 쉬운 어휘와 문장 구조가 계속 반복된다.

내가 가르치는 아이들에게도 그림책 읽기를 시도해본 적이 있다. 학생 중에 책 읽기 습관이 잘 잡힌 아이도 있고 아닌 학생들도 있다. 짧은 수업시간에 책 읽기는 가장 효과적인 영어공부 방법은 아니었다. 한국어책도 별로 좋아하지 않는데 영어책을 읽어야 한다면 자칫하다가 영어를 따분한 공부라 생각할 수도 있었다. 최대 효율을 고민하면서 결국 수업 방법을 바꿨다.

대부분 아이가 좋아하는 게 있다. 바로 노래다. 가사를 읽기 자료로 사용할 수 있다. 실력이 쌓이면 가사를 혼자 읽어나가기도 한다. 공부와 책을 싫어하는 아이도 영어 노래는 좋아했다. 읽기를 하면서도 자주 들었던 노래 멜로디를 외우고 있으니 아이들은 가사 읽기에 자신감이 있었다. 우리가 엄마표 영어를 하면서 겪는 문제들은 사실 심각하지 않다. 심각한 몇 사례를 제외하고 대부분은 시행착오를 겪으며 더 발전해간다. 그렇게 우리 아이에게 맞는 방법을 찾아가고 있다.

나는 문제를 겪으면서 아이들을 더 이해할 수 있게 되었다. 그리고 나에 대해서도 알게 되었다. 아이를 통해 성장한다는 말은 정말이지 진짜다. 여러분도 같은 과정을 겪고 있으리라 믿는다. 그래서 엄마들은 참으로 위대하다. 멈춰 있지 않고 계속해서 발전하기 때문에. 성장을 위해 끊임없이 몸부림치고 있기 때문에.

과연 내가 성장하기를 멈추었다면 실패가 전화위복이 될 수 있었을까? 한 권의 책으로 시작해, 또 다른 책으로 더 발전해가는 과정은 필수이다. 누군가에게는 책이, 누군가에게는 친구 엄마가, 혹은 유튜브 강연이, 혹은 전문가의 조언이 성장을 도와줄 것이다.

시행착오가 실패로 남지 않기 위해서는 그 자리에서 포기하지만 않으면 된다. 다른 방법을 적용하면서 우리 집만의 엄마표 영어 색깔을 찾아가면 된다. 지금 이렇게 책을 읽으며 문제를 해결하고자 하는 여러분을 자랑스럽게 여겨라. 나는 이 책을 읽고 있는 여러분에게 온 맘 다해 응원을 보낸다.

내가 엄마표 영어 관련 도서 중에 가장 좋아하는 책은 고광윤 교수님의 『영어책 읽기의 힘』이다. 연세대학교 조기 영어교육전공 교수님이시고 네 명의 자녀의 아빠이시다. 아이들에게 영어 그림책을 읽어주는 봉사자들의 모임인 '아동영어교육 지식 나눔 축제'의 기획을 맡고 계신다. 현재는 영어 그림책 모임 '슬로우 미러클'을 이끌고 계신다.

교수님의 저서에서 '흘려 듣기'와 '집중 듣기'의 용어를 교수님만의 용어로 바꾸셨다. 바로 '즐겨보고 즐겨듣기', 그리고 '즐겨읽기'이다. 얼마나 아름다운 용어인가. 더 나아가 우리 엄마들이 각 가정에 맞는 엄마표 영어 용어를 만들어보면 좋겠다. 엄마와 아이가 원하는 가치를 담아보면 어떨까?

나는 엄마표 영어의 노출 환경을 보기, 듣기, 읽기로 구분한다. '영어 보기', '영어 듣기', '흔적 듣기', '영어 읽기'라고 이름 붙였다. 영어 보기는 말 그대로 영어로 된 영상을 보는 것이다. 여기에는 만화, 브이로그, 교육적 영상, 동요 모두 포함이다. 영어 듣기는 소리로만 이루어지는 노출을 말한다. 보통은 팟캐스트나 오디오북, 혹은 라디오를 말한다.

영어 보기와 영어 듣기는 분명히 다르다. 영어 보기는 이미지와 대사로 메시지를 전한다. 영어 듣기는 오직 소리로만 메시지를 전하기 때문이다. 그리고 흔적 듣기는 아이들이 봤던 영상이나, 읽었던 책의 내용을 소리로만 다시 듣는 것이다. 하루에 3시간을 보는 것으로 다 채울 수 없으니 진행한다. 뇌에 남은 영어 흔적에, 흔적을 더하는 활동이다.

마지막은 영어 읽기다. 혼자 책 읽는 시간, 엄마가 읽어주는 잠자리 동화 시간 모두 포함이다. 혹은 위에서 언급한 대로 만화의 스크립트를 이용해 읽기를 할 수도 있다. 관심 분야의 영어 원문 기사도 가능하고 노래 가사도 가능하다.

책 속 아이와 나의 아이는 다르다. 책의 저자와 나의 인생의 길도 다르다. 저자의 재능, 지능, 아이의 수, 아이의 성향과 성별, 아이에게 쏟을 수 있는 시간, 주위의 조력자 등의 환경적 요소는 나와 같지 않다. 특별한 아이에게는 아이에게 맞는 특별한 방법만 있으면 된다. 엄마가 해주는 엄마표 영어가 바로, 우리 아이에게는 특별한 엄마표 영어다.

아이가 싫다고 하면 당장 멈춰라. 억지로 끌고 가는 만큼 돌아갈 길이 더 오래 걸린다. 잠시 멈추면 나중에 더 힘차게 갈 수 있다. 여행길에 우리가 휴게소를 찾는 이유는 바로 그것이다. 갈 길이 멀기 때문에 에너지를 재정비하려고. 어떤 저자가 이 방법대로 했더니 됐다고 하면 휩쓸리지 말자. 어떤 유튜버가 조언을 해주면 내 생각을 적어보자. 아이디어가 차곡차곡 쌓인다. 나와 우리 아이에게 맞는 최고의 방법이 무엇인지 적어봐라. 아이 영어도 중요하지만, 엄마의 시간도 소중하다. 아이를 위해 너무 많은 시간을 쓰기보다 엄마가 행복해지는 데 더 노력하자. 궁극적으로는 아이가 자신의 인생을 스스로 살아가는 데 최우선을 두어야 하지 않을까?

엄마의 상황에 맞는 목표와 방법을 찾아라. 그래야 남들과 비교하지 않을 수 있다. 비교하면 우울하다. 아이의 실패가 내 실패가 되지 않는다. 그래야 아이들도 마음껏 실패하고 실패를 과감히 맞이할 수 있다.

엄마와 아이만의 특별한 방법을 만들어라. 특별한 루틴으로 엄마표 영어를 해라. 이 방법은 여느 책에서 하는 방법과 다르다. 창의적이다. 우리 집에 딱 들어맞는다. 엄마가 먼저 창의성을 발휘하자. 엄마가 창의력을 발휘하면 아이들 인생도 창의성이 꽃 핀다. 아이들이 자기의 인생에 창의성을 발휘하면서 살게 하자. 우리 아이를 위한 엄마의 방법이 우리 아이에게 가장 잘 맞다. 그래서 엄마도, 아이도 행복하다. 책대로 따라 했다간 멀리 돌아갈 수도 있다.

07

영어는
왜 책상에서
공부해야 돼?

　책상에서 공부하는 영어는 과연 우리 아이에게 도움이 될까? 책상에서 아이가 영어에 대해 배울 수 있는 것이 무엇일까? 그리고 왜 부모는 아이를 책상에 앉혀두고 영어를 공부하길 원하는가?

　우리 아이가 영어를 알기 원한다면 영어를 들려주고 보여주고 생각하게 만들어야 한다. 영어가 사용되는 바다를 봐야 한다. 아이가 바다에 들어가보고 싶게 만들어야 한다. 첫 번째 단추는 영어가 즐겁다고 인식하는 것이다. 그리고 나서는 가능한 한 많은 영어를 들어야 한다. 그리고 그 소리의 의미를 자연스럽게 익혀야 한다. 아무리 책상에서 배운들 아이가 얻은 것은 영어에 대한 지식일 뿐이지 영어를 사용하는 법을 익히는 것이 아니다.

어벤져스 캐릭터가 그려진 두발자전거가 있다고 하자. 아니면 엘사가 그려진 자전거라고 해보자. 엄마와 아이가 두발자전거에 관한 책을 읽고 자전거를 주제로 공부할 수 있다. 그러나 자전거에 관한 공부가 자전거를 타는 데 미치는 영향은 얼마나 될까?

아이가 자전거의 구조와 작동 원리를 안다고 해서 두발자전거를 타게 될 거라고 기대하는 엄마는 없을 것이다. 부모는 아이가 자전거를 직접 타보면서 몸으로 익히게 가르쳐준다.

수영을 주제로 한 책을 읽고 영법에 대해 열심히 외운들 아이가 수영할 수 있는가? 수영하는 법은 수영장에서 익힐 수 있다는 사실을 우리는 알고 있다. 수영장에서 실제로 해보며 배우는 것이야말로 진정한 수영공부다.

나는 우리 아이들이 '영어공부'라는 명목하에 책상에 앉아 학습하고 있는 현실이 너무나 서글프다. 아직도 우리나라에 많은 아이가 영어를 잘 알아듣고 잘 말하고 잘 읽기 위해 '책상에서 한 권의 책'으로 영어를 공부하고 있다. 현실이 예전보다는 나아졌지만, 아직도 점수를 위한 영어는 바뀌지 않았다. 실전으로 들어가지 못하고 변두리에서 영어를 준비만 하고 있다. 첫째 딸에게 얼마 전 이렇게 물었다.

"지금까지 딸이 영어공부를 어떻게 했는지 말해줘봐. 어떻게 영어로 된 만화를 보고 이해하고 웃을 수 있게 된 거야? 그리고 어느 순간부터 영어로 말도 하게 되었잖아."
"어, 엄마가 알려줬지. 나랑 문제집도 같이 풀어주고."

나는 이 말의 의미를 조금 지나서야 깨달을 수 있었다. 내가 지난 2년 동안 아이에게 조성해주었던 영어환경은 우리 딸에게 공부가 아니었다는 것을. 우리 집 아이들은 집에서 영어 만화를 보고 놀이시간에 영어 노래를 들었다. 그리고 나는 영어 그림책을 읽어주었다. 엄마표 영어에서 가장 중요한 영어 노출이 첫째 딸에게는 전혀 공부로 다가오지 않았다. 아이의 대답을 듣고 나는 정말 행복했다.

아이 셋을 키우다 보니 영어책을 읽지 않고 그냥 자고 싶은 날이 더 많았다. 솔직히 말하면 어제도 그랬고 오늘도 그럴 것이다. 그래도 멈추지 않고 반복했던 습관 노출로 우리 삼 남매의 영어 실력이 날로 쑥쑥 자라나고 있다. 게다가 아이를 키우는 상황이 매일매일 더 좋아지고 있다. 막

내가 36개월이 되니 한결 낫다. 힘든 시절은 다 지나갔지 않은가. 사춘기가 오면 더 힘들 거라는 말은 아직 하지 말아달라. 쪽잠 자며 모유 수유를 하고, 똥 기저귀 갈던 육아가 끝나서 나는 지금 너무 기쁘다. 이제는 셋째를 아기 띠에 넣어 매고 어깨와 허리가 아픈 걸 참아가며 영어 그림책을 검색하지 않아도 되니까 말이다. 지난 2년 동안 영어환경을 만드느라 바쁘게 움직였던 시간이 감사해진다.

우리 아이들이 아무리 어려도 공부가 무엇인지는 안다. 머릿속에 무언가를 의도적으로 저장하는 시간이다. 엄마가 이런 목적으로 영어공부를 시키면 아이는 마음이 닫힐 수 있다. 영어만 싫어지면 다행이다. 엄마와 사이가 틀어질 수도 있다.

영어가 정말 중요하다고 생각한다면 제대로 배워 엄마표 영어를 시작하라. 도움이 필요한 분들에게는 시간을 아끼고 시행착오를 줄일 수 있게 도와주겠다. 다시 한번 말하지만, 영어는 의도적인 학습으로 정복할 수 없다. 학습이 필요 없다는 이야기는 아니니 오해하지 말아달라. 언어가 습득되는 원리를 알아야 한다는 말이다.

우리 첫째 딸이 영어공부라고 생각한 것은 책상에 앉아 문제집을 풀던 것이었다. 영어를 이해하기까지 지난 2년 동안 시청했던 만화는 공부가 아니었다. 즐겁게 보고 들었으니 아이에게는 공부가 아니었다. 엄마가 자기 전에 읽어주었던 영어책들은 단어를 공부하거나 문법을 배우는 시간이 아니었다. 새로운 세계로 여행을 떠나는 시간이었다. 엄마와 대화를 하고 공감대를 형성하는 따뜻한 시간이었다.

30개월에 영어 신동으로 TV에 출연했던 우성이란 아이가 있다. 우성이의 아빠인 이성원 작가님은 『보통 엄마를 위한 기적의 영어 육아』에서 이렇게 말했다.

"많은 아이가 영어 학원이나 영어 유치원을 다니면서 매달 고가의 비용을 지불해요. 그러나 그곳에서 배우는 영어는 일시적일 뿐 아이 자체가 즐기고 습득하는 과정이 집에서 지속되지 않으면 그 효과가 금세 사라지고 말아요. (중략) 또 아이들이 학원에 가는 동안 길거리에서 시간과 에너지를 낭비하지 않을 수 있다는 것도 장점이에요. 사실 영어를 언어로 받아들이게 하려면 수없이 노출해주어야 하는데 학원에 가서 하루 일정한 시간 앉아 있는 것만으로는 턱없이 시간이 부족하지요."

많은 노출이 가능한 유일한 환경이 바로 가정이다. 그리고 그 일은 부모만이 해줄 수 있다. 그 귀한 시간과 금 같은 기회를 책상에 앉아 낭비하지 마라. 아이와 함께 30분 보는 즐거운 만화가 아이의 영어 습득에서는 훨씬 더 가치 있다. 아이가 아무리 단어를 100개를 알아도 대화에서 알아듣지 못하면 무슨 의미가 있나? 아이가 영어 단어 박사가 될 수는 있을지는 모르겠다. 하지만 실제 대화에서 그 단어를 사용하지는 못할 것이다.

언어를 습득하기 위해서는 많은 노출이 필요하다. 많으면 많을수록 좋다. 책상에 앉는 이유는 바다에서 보고 듣고 체험한 것을 정리하기 위해서다. 정리할 것이 없는 상태에서는 책상에 앉아 공부하는 시간이 아이에게 힘들 수 있다.

엄마들은 오늘부터 아이들을 책상에 앉히기를 과감히 포기하라. 파닉스와 단어, 문법에 대한 부담감을 내려놓아도 좋다. 오직 영어를 들려주고 보여줘라. 직접 체험하게 만들어줘라. 아이가 좋아하는 동요를 골라 함께 불러줘라. 즐겁게 춤을 춰라. 그것이 진정한 영어공부다. 아이가 좋아하는 만화를 보고 함께 대화를 나눠라. 아이는 영어의 바닷속에 더 기쁘게 들어갈 것이다. 아이가 좋아하는 주제의 책을 검색해라. 아이 수준에 맞는 책으로 골라 아이에게 선물해줘라. 문제집 열권보다 훨씬 효과적인 영어공부가 될 것이다.

다른 아이들과 차별되는 영어 실력은 이런 과정을 통해 쌓인다. 엄마가 고정관념을 깨고 새로운 방식을 배우면서 가능해진다. 엄마도 즐겁고 아이도 행복하다. 게다가 영어도 잘하게 되니 더할 나위 없이 좋다. 제대로 된 엄마표 영어의 개념을 다시 정립해라. 아이와 깔깔 웃으며 시청한 재밌는 영어 콘텐츠가 아이에게는 진짜 공부가 될 수 있다.

여러분들의 아이도 훗날 우리 아이들처럼 고백하기를 소망한다. 영어는 온데간데없고 엄마와 웃고 즐기고 형제들과 놀았던 기억들이 남기를. 엄마와 불렀던 그 영어 노래는 잊었으나 그 시간만큼은 마음의 양분이 되었기를. 함께 시청했던 영화에서 삶의 교훈을 얻었기를.

우리 아이들은 책상에서보다 더 많이 배우고 잘 성장할 수 있다. 적어도 우리 아이들은 그랬다. 그리고 여러분의 아이가 그러리라 의심치 않는다. 중요도를 절대 바꾸지 말자. 환경을 만들어 노출하는 것이 엄마표 영어의 핵심이라는 사실을 잊지 말자.

08

남들에게
자랑할 만큼만
가르칠 건가요?

'Web Technology Surveys' 홈페이지에 가면 흥미로운 통계들을 검색할 수 있다. 웹사이트에서 한국어 자료가 전체의 몇 %인지, 이웃 나라 일본과 중국어의 자료는 얼마나 있는지 알 수 있다. 영어는 과연 몇 %를 차지할까?

언어별 웹사이트 정보량은 다음과 같다. 결과를 읽기 전에 웹상의 정보들이 어떤 언어로 올라와 있을지 예상해보자. 한국어 자료는 전체에서 얼마나 될지, 이웃 나라 일본이나 중국은 어떨지, 우리가 그렇게 중요하게 생각하는 영어는 전체에서 얼마나 차지할지 말이다. 그리고 영어 다음으로는 어떤 언어가 중요할지 아이디어를 얻을 수도 있다. 다개국 언어 구사를 꿈꾸는 엄마들에게 도움이 될 것이다.

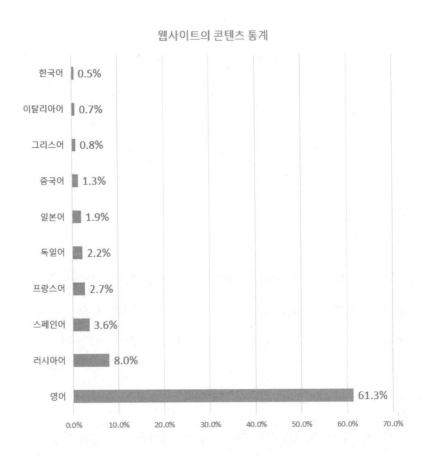

웹사이트의 콘텐츠 통계

한국어	0.5%
이탈리아어	0.7%
그리스어	0.8%
중국어	1.3%
일본어	1.9%
독일어	2.2%
프랑스어	2.7%
스페인어	3.6%
러시아어	8.0%
영어	61.3%

0.0% 10.0% 20.0% 30.0% 40.0% 50.0% 60.0% 70.0%

먼저 한국어로 된 자료의 양부터 살펴보자. 웹 자료 전체에서 0.5%이다. '개'에 관한 정보를 얻고 싶어 인터넷에서 검색했다고 하자. 인터넷에

'개'에 관한 전체 자료가 200개가 있다고 가정해보겠다. 내가 '개'를 검색하면 전체 자료 중에 딱 한 개를 열람할 수 있다는 뜻이다.

이웃 나라 일본은 조금 더 낫다. 한국어 자료보다 네 배나 더 많다. 전체에서 1.9%를 차지했다. 200개의 자료 중에 약 네 개를 볼 수 있다. 중국어는 생각보다 적다. 인구수를 고려했을 때 인터넷의 자료의 양은 상당히 낮은 수치라는 것을 알 수 있다. 전체에서 1.3%를 차지한다. 세 개의 자료를 볼 수 있다.

웹상의 정보량 중 2위인 언어는 바로 러시아어다. 2위임에도 불구하고 차지하는 비중은 고작 8%밖에 되지 않는다. 러시아어를 할 줄 아는 사람은 우리보다 낫다. 200개 중에 열여섯 개의 자료들을 볼 수 있다.

마지막으로 우리가 궁금해하는 영어 자료의 양은 과연 얼마나 될까? 무려 61.3%나 된다. '개'에 관한 정보를 검색한다고 가정했을 때, 위에서 언급한 대로 한국어로 된 정보는 한 개를 볼 수 있었다. 영어가 편한 사람은 무려 약 120개 의 자료를 볼 수 있다.

이 통계는 굉장히 중요하다. 인터넷을 통해 해당 언어로 얼마나 정보를 습득할 수 있는지 알려주는 척도이기 때문이다. 러시아어, 스페인어가 영어의 뒤를 따르고 있지만, 정보량은 영어에 턱없이 모자란다. 인구 수에 따른 정보량을 생각하면 더 놀랍다.

중국은 인구수와 비교하면 정보 생산량이 상당히 많이 부족하다. 영어 는 모국어 사용자 수보다 압도적인 정보량을 보여주고 있다. 이는 영어 를 모국어 사용하는 사람들뿐만 아니라 세계의 많은 사람이 영어로 소통 하고 있다는 사실을 보여준다. 영어가 세계 사람들의 공용어로서 역할을 하고 있다는 뜻이다. 영어가 세계와 연결되는 가장 효율적인 언어라는 사실을 알려주는 지표이다.

엄마표 영어는 할 수 있다면 빨리 시작해 오래 할수록 좋다. 할 수만 있 다면 해야 한다. 환경만 만들어주면 아이의 영어 머리가 자라는데 안 할 이유가 있는가?

엄마표 영어가 어려운 이유는 영어를 하는 목적이 자꾸 시험으로 가서 그렇다. 엄마가 언어 습득의 원리를 몰라서 그렇다. 아이가 힘들어한다 면 언어가 아닌 학습을 시키거나 자꾸 확인하려고 해서 그렇다. 언어로 써 영어를 배우는 아이들은 자연스러운 노출이 어려울 수가 없다. 아니 면 아이의 사소한 반응에 휘둘릴 만큼 엄마표 영어에 확신이 없을 수도 있다.

다시 본론으로 돌아가보자. 세계에서 사람들이 소통하는 언어는 영어다. 영어를 안다는 이야기는 내 아이의 무대가 넓어진다는 뜻과도 같다. 아이가 그런데 엄마들이 간과하는 한 가지가 있다.

나를 포함한 모든 엄마에게 부탁한다. 영어가 우리 아이에게 큰 무기가 될 수 있다는 사실을 모르는 엄마는 없을 것이다. 그러나 시험을 위한 영어와 진짜 영어는 다르다는 것을 알았으면 좋겠다. 수능 영어의 읽기 부분 지문을 한국어로 바꿔보면 답이 나온다. 한국어로 된 내용도 이해하기가 쉽지 않다.

우리 아이가 수능 영어 1등급 받기만을 바라는가? 여러분의 아이는 그것보다 훨씬 위대한 존재다. 수능 영어를 공부해야 할 아이가 있고 아닌 아이들이 있다. 시험을 잘 볼 수 있는 아이도 있고 아닌 아이도 있다. 공부를 잘하는 아이가 영어를 잘하는 것이 아니라는 사실을 확실히 알았으면 좋겠다.

엄마표 영어로 제대로 뿌리내린 영어가 우리 아이에게 어떤 재료로 사용될지는 아무도 모른다. 유튜브를 해도 영어가 가능한 유튜버는 구독자를 몇 배나 더 많이 모을 수 있다. 우리는 예상할 수 없는 시대에 살고 있다. 10년 전에는 상상도 못 했던 직업이 지금은 존재하고 있지 않은가.

학교 시험이나 수능은 공부 머리가 있는 친구가 이기는 게임이다. 모두가 잘할 수 없다.

영어를 언어로 익히는 것은 누구나 가능하다. 아이가 한국어를 무리 없이 배웠다면 영어도 마찬가지일 것이다. 아이가 영어를 통해 세상을 배워가는 것을 목표로 하자. 아이가 좋아하는 것을 한국어가 아닌 영어로 배우면 된다. 영어로 된 자료들을 보고 읽으며 익히면 된다. 나는 이것만큼 제대로 된 목표가 없다고 생각한다. 새벽달 님의 저서 『엄마표 영어 17년 보고서』 에필로그에 이런 내용이 있다.

"더 이상 '영어 점수 높은 아이'에만 몰입하지 말고, '영어가 편한 아이'를 키우는 데 집중하자. 아이들이 자연스럽게 영어를 받아들일 수 있는 '영어환경'을 조성하는 데 힘쓰자. 10세 이전까지만 영어책을 읽어주고, 영어 노래를 들려주고, 영어로 재미있는 놀이를 꾸준히 해보자. 이것만 해도 내 아이, '영어 앞에 기죽지 않고 당당한 아이'로 키울 수 있다. 영어가 편한 아이가 진짜 '영어를 잘하는 아이'다. 이것이 바로 내가 17년 동안 엄마표 영어를 실천해오면서 얻은 교훈이다."

학교 시험과 수능 영어에 대해 마음이 놓이지 않는가? 그렇다면 학교에서 수능을 잘 보는 것은 당연하거니와 미래에 세계를 무대로 제 몫을 다할 인재라고 굳게 믿어라.

　다만, 엄마가 생각하는 인재형과는 다를 수 있다. 부모의 생각과 아이의 꿈이 다른 경우가 너무나 많아서 부모가 미리 포기하는 편이 나은 것 같다. 하지만 분명한 사실은 이것이다. 우리 아이들의 무대가 전 세계가 될 수 있다는 점. 이것만큼 멋진 일이 있을까.

　인터넷상에 떠돌아다니는 자료 중 절반 이상이 영어로 되어 있다. 영어가 자유로운 사람들은 세상의 정보를 많이 얻을 수 있는 무기가 생긴 것이나 다름없다. '아는 것이 힘'이라는 말이 있다. 지금도 다르지 않다. 많은 정보 속에 더 좋은 정보를 찾아 아이들의 삶이 더 나아질 수 있다. 더 많은 기회를 얻을 수 있다. 물건을 팔아도 고객과 시장이 늘어난다.

　영어를 통해 다양성을 배운다. 세계와 소통하면서 자연스럽게 타인의 개성을 존중하는 시각을 갖는다. 우리 아이들은 자신에게 유익한 문화들을 잘 융합해 인생을 살아갈 수 있다. 언어와 문화를 아는 만큼 생각의 폭도 넓어진 것이나 다름없다. 다양성을 따로 배울 필요가 없다. 두 문화를 융합하면서 창의성도 자란다.

　만약 내가 학창시절 시험만을 위해 영어를 공부했다면 이렇게 영어를 좋아하지 못했을 것이다. 지금까지도 놓지 않고 영어를 공부한 이유는 '재미'가 있었기 때문이다. 우선순위를 재미에 두니 즐겁게 했다. 나 자신을 계속 공부하고 싶게 만들었다.

나는 우리 아이들이 영어를 재밌게 습득해가도록 도와줄 수 있다. 지금도 아이들은 즐겁게 영어 콘텐츠를 마구 소비하고 있다. 때가 되면 영어로 콘텐츠를 만들 수 있는 아이들이 될 것이다. 계속 담으면 넘치게 되어 있다.

영어는 언어로, 소통의 도구로 사용할 때 즐겁다. 언어 본래의 목적이다. 영어로 소통하는 친구들이 생긴다면 더 좋다. 필요 때문에 더 공부하게 된다. 재밌게 본 콘텐츠가 많을수록 더 배우게 된다. 즐기며 보고 들으며 실력이 는다.

더 나아가 영어를 사용해서 아이가 자신을 더 발전시키는 도구로 사용한다면 그 아이의 자존감은 더 올라간다. 한국에는 알려지지 않은 좋은 책이나 영상들이 참 많다. 그래서 아이가 커가면 커갈수록 영어를 하길 잘했다고 생각하게 된다.

나 또한 영어를 몰랐다면 몰랐을 자료들을 매일 보고 읽는다. 그럴 때마다 나는 정말 감사하다. 발전하고 싶은 엄마라면 영어를 필수로 해야 한다. 엄마가 못한다고 하더라도 우리 아이는 무조건 엄마표 영어로 영어를 습득할 수 있게 도와줘야 한다.

나는 우리 아이들이 영어를 영어답게 배웠으면 좋겠다. 언어가 언어로써 쓰일 때 제 몫을 다한다. 엄마들이 아이 '점수를 위한 영어'에 노력을 들이는 대신 '영어환경'을 만드는 데 쏟았으면 좋겠다. 환경만으로도 아이는 영어를 습득할 수 있다. 그래서 엄마표 영어는 위대하고 안 할 이유가 없는 것이다. 엄마의 목표가 시험만이 아니라면 이기고도 남는 게임이다. 아이가 영어가 익숙해지고 편해지는 영어를 하는 데 목표를 두자. 엄마가 바른 목표를 가지고 우리 아이들과 발맞춰 걸어가기를 소망한다.

ENGLISH

3장

영어를
좋아하는 아이로
만드는 원칙

아이의
가능성을
100% 믿어라

'피그말리온 효과'라고 들어본 적이 있는가? 피그말리온은 그리스 신화에 나오는 인물로 키프로스 섬의 조각가다. 피그말리온은 이 섬에 사는 여자들에게 흥미를 잃었다. 그래서 자신이 사랑하고 싶은 여성을 완벽하게 조각상으로 만든다. 그리고 그는 점차 이 조각상과 사랑에 빠지게 된다.

그는 이 조각상을 살아 있는 여인처럼 여기며 말을 걸어주고 정성스레 옷을 입히는 등 정말 사랑하는 사람처럼 대했다. 피그말리온은 축제에서 아프로디테에게 이 조각상을 사람으로 변하게 해달라고 기도를 올린다.

피그말리온의 진심에 감동한 아프로디테가 조각상을 사람으로 만들어 이 둘은 행복하게 살았다.

피그말리온 효과는 이 신화에서 유래된 것으로, 교육심리학에서의 심리적인 행동을 가리킬 때 사용한다. 학생에 대한 교사의 긍정적인 기대에 따라 학생의 성적이 향상된다는 내용이다. 이 연구에서 밝힌 이론은 연구자의 이름을 따서 '로젠탈 효과'라고도 한다.

하버드 교수인 로젠탈과 초등학교 교장을 지냈던 제이콥슨은 1968년 「교실에서의 피그말리온」이라는 제목의 논문을 발표했다. 이 연구에서는 교사의 긍정적인 기대와 판단이 학생들의 학업과 학교생활에 미치는 영향이 있음을 증명하였다.

실험은 캘리포니아의 한 초등학교에서 교사와 학생들을 대상으로 진행되었다. 연구자들은 전교생을 대상으로 지능검사를 시행하였다. 그리고 각 반에 상위 20% 정도의 학생들을 뽑아 교사에게 일러주었다. 사실, 이 명단은 연구자들에 지능검사와 관계없이 무작위로 추출한 것이었다.

8개월 후에 다시 실시한 지능검사에서 이 명단의 학생들이 다른 학생들보다 평균 점수가 높았다. 그리고 학교 성적 또한 크게 향상되었음을 확인할 수 있었다. 즉, 교사가 학생들에게 긍정적인 기대와 관심을 가질 때 실제로 학생들의 학업에 유의미한 영향을 미친다는 것이 검사로 증명되었다.

교사의 긍정적인 기대와 관심이 학생에게 영향을 미친다면 가정에서는 어떨까? 만약 엄마가 우리 아이들의 가장 최고의 모습만을 기대한다면 아이들도 그렇게 될 수 있을까? 여러분은 누군가의 기대와 믿음에 부응하려고 노력했던 경험이 있는가? 혹은 반대로 누군가의 질타와 비난 때문에 더 어긋났던 적은 없는가?

아이에게 부모는 우주 같은 존재라고 한다. 부모에게 받은 따뜻한 사랑은 아이의 단단한 뿌리가 된다. 부모가 아이를 믿어줄 때 아이는 진정으로 잘 성장하고 싶어진다. 부모의 믿음이 아이의 강한 내재적 동기가 되는 것이다.

내가 가장 싫어하는 말이기도 한, '아이는 엄마의 거울'이라는 말이 있다. 부인하고 싶지만 사실이다. 엄마의 막중한 책임감에 책임감을 더하는 말이라서 기분 좋은 말은 아니다. 하지만 어쩌겠는가. 아이는 부모의 믿음을 그대로 비춘다. 아이의 나쁜 행동이 반복된다면 엄마의 믿음을 완전히 바꾸라는 사인으로 받아들이자.

그래서 오늘부터는 내 아이를 다르게 대해보자. '엄마가 나를 이렇게 믿어주는데 오늘은 더 잘해야지.'라고 스스로 생각하게 만들자. 아이가 더 좋은 모습이 되려고 스스로 노력하게 도와주자. 엄마가 아이에게 힘이 되어주자.

엄마표 영어에 성공하는 것보다 엄마와 아이와의 관계가 훨씬 더 소중하다. 엄마표 영어를 하다가 아이가 내 뜻대로 따라와주면 좋고 안 되면 아이가 미워진 적은 없는가? 나 또한 아이들이 영어 그림책을 가져와달라고 하면 여전히 예쁘다. 아이들이 스스로 영어 만화를 챙겨보면 너무나 기특하다. 하지만 스스로 책을 읽지 않거나 약속을 지키지 않을 때는 화가 나기도 한다. 이렇게 자신을 돌아볼 수만 있으면 된다. 끊임없이 엄마의 마음을 확인해라. 그리고 다시 시작해라. 새로운 마음으로 행복한 엄마표 영어를 향해 걸어가면 된다.

혹시 엄마표 영어에 실패하게 되더라도 괜찮다고 마음먹어라. 엄마표 영어책에서 영어가 중요하지 않다고 말하니 황당한가? 나는 영어를 너무나 사랑하지만 언제나 내 존재가 소중하다. 우리 아이들에게도 그렇다. 솔직히 말해 우리 아이들이 원어민 같은 영어를 구사하기를 바란다. 그러나 아이들의 존재가 더 소중하다. 그래서 아이들이 살아가고 싶은 인생도 존중한다.

"엄마는 네가 멋진 인생을 살 거라고 믿어. 힘든 일이 와도 잘 헤쳐나 갈 거라고 믿어. 무엇이든지 잘할 거야."

어려운 일을 만났을 때 다시 이겨내는 능력을 '회복 탄력성'이라 부른 다. 회복 탄력성이 있는 사람들의 비밀이 무엇이었는지 아는가? 바로 그 사람을 전적으로 이해해주고 믿어주는 한 사람이 있었다는 것이다. 자 신을 믿어주는 사람이 한 명만 있어도 어려운 일로 낙담하거나 좌절하지 않는다. 좌절하더라도 다시 일어날 힘이 있다. 극복해내고야 만다.

나도 책을 쓰는 일이 쉽지 않았다. 책을 쓴다고 마음먹기까지도 힘들 었고 책을 쓰면서도 처음에는 잘 집중하지 못했다. 만약 김도사(김태광) 책 쓰기 코치님을 만나지 않았더라면 내 책은 세상에 나오지 못했을 것 이다.

'책 쓰기 가이드 출판 시스템 특허'까지 받으신 분이라 책 쓰기 코칭의 일인자라고 할 수 있다. 그러나 책 쓰는 법을 아무리 알려줘도 배우는 사 람이 할 수 없다고 생각하면 절대 책을 쓸 수 없다.

김도사(김태광) 코치님은 책 쓰기 비법뿐 아니라 수강생들의 생각이나 의식적인 부분까지 도와주신다. 부정적인 생각을 하지 않고 바른 생각을 하도록 많은 도움을 주셨다. 그래서 여기에는 작가들이 매달 열 명 이상씩 나온다. 지금까지 천 명 이상의 작가들을 배출했다. 전문가에게 배우면 빠르게 결과를 얻을 수 있다. 정말 그렇다. 나처럼 책을 제대로 쓰고 싶은 사람이 있다면 네이버에서 〈한국책쓰기1인창업코칭〉를 검색해보자.

인생에 고난을 한 번도 겪지 않은 사람이 누가 있는가? 우리 아이들도 앞으로 살아가면서 때때로 문제를 만날 것이다. 우리 아이가 영어를 정복하기를 바라고 잘 살기를 바란다면 아이를 믿어야만 한다. 아이의 인생에 '단 한 사람'이 되어주자.

아이의 가능성에 투자하는 방법은 아이를 닦달하는 것이 아니다. 우리 아이를 이해해주고 믿어주고 사랑해주는 일이다. 이것보다 중요한 일은 없다. 어떤 문제가 와도 잘 이겨내고 극복할 수 있도록 우리 아이의 회복탄력성에 투자하자.

한 아이를 '제대로 된 인간'으로 키워내는 일은 정말 너무 어려운 일이다. 우리 아이가 조금만 어긋나는 것 같으면 엄마의 마음이 찔린다. 자책하게 된다. 나는 아이가 지금 세 명이지만, 한 명은 한 명대로, 두 명은 두 명대로, 세 명은 세명대로 힘들었다. 쉬웠던 때는 없었다. 그러니 아이 한 명 키우며 힘들다고 하고 싶은 엄마는 당당해져도 좋다. 다둥이 엄마가 그렇게 말했다고 우겨라. 육아 하나만도 힘든데 엄마표 영어를 한다는 것은 쉬운 결심이 아니다. 그래서 이렇게 엄마표 영어를 위해 공부하는 여러분이 안쓰러우면서도 기특하고 대단하다.

여러분이 지금까지 아이를 어떻게 양육했든 상관없다. 아이를 돌보며 누구나 실수한다. 화도 내고 상처를 주기도 한다. 무한한 사랑을 주지 못하는 자신의 모습을 자책했을 수도 있다. 다 괜찮다. 과거는 다 지나갔다. 지금부터 다시 시작하면 된다. 오늘부터 우리 아이를 굳게 믿어주자. 영어는 언어이므로 환경이 바뀌어야 가능하다. 환경을 바꾸는 일이 생각보다 어려울 것이다. 더군다나 영어를 잘 모르는 엄마라면 더 힘들다. 엄마는 영어환경을 위해 계속해서 배워야 하고 엄마가 가진 습관도 바꿔야 한다. 아이도 바뀐 환경에 적응하는 데 시간이 필요하다. 계속해서 새로운 습관을 만들어가야 한다. 엄마도 아이도 어려운 과정이다. 인간은 변화를 싫어하기 때문이다.

엄마표 영어에 성공하기 위해서는 최대한 에너지를 모아야 한다. 그런데 엄마가 우리 아이를 믿지 못한다면? 우리 아이가 할 수 없다고 생각하고 있다면? 엄마 스스로가 힘들어서 못 견딜 것이다. 아이가 실력이 늘지 않는 것 같으면 불안하고 조급해질 것이다. 아이도 영어를 부담스러워할 것이다.

첫째는 현재 자막 없이 영상을 보고 이해하고 있으며 나와 영어로 소통도 가능하다. 둘째 또한 언어 감각이 뛰어난 편이 아닌데도 무리 없이 엄마표 영어를 해주고 있다. 환경을 바꾸어 주는 것만으로도 아이들에게 영어라는 세계가 펼쳐진다. 그래서 엄마표 영어는 누구나 할 수 있고 모두가 해야만 한다. 환경을 바꾸는 것만으로도 전과는 상당히 다른 결과를 낼 수 있다. 영상을 보여주고 조금씩 책을 읽어주는 일만큼은 누구나 할 수 있고 많이 어려운 일이 아니다.

나는 여전히 나에게 그리고 우리 아이들에게서 더 나은 모습을 상상한다. 아이들끼리 유창하게 영어로 대화하는 모습, 나와 영어로 이야기하는 모습, 외국인 친구들과 웃으면서 영어로 이야기하는 모습을 머릿속에 떠올린다. 되든 안 되든 상상하고 나면 기분이 좋다. 우리 아이가 다르게 보인다.

엄마들은 이제부터 우리 아이가 영어를 정복할 것이라고 믿어라. 우리 아이에게는 밝은 인생밖에 없을 것이라고 믿어라. 그리고 우리 아이는 엄마표 영어도 잘해낼 것이라고 믿자. 우리 아이는 영어에 소질이 있는 아이라고 굳게 믿자. 시간이 조금 걸릴 수도 있지만, 우리 아이가 무조건 해낼 것이라고 믿어라. 믿음에는 돈도 안 든다. 아이는 긍정적이고 건강하게 자랄 수 있으니 안 할 이유가 어디 있는가? 앞의 연구에서 교사의 긍정적인 기대가 학생들의 성적에 영향을 미쳤다는 사실을 확인했다. 엄마의 긍정적인 믿음은 아이를 분명히 멋진 아이로 만들 것이다. 영어를 대하는 엄마의 밝은 마음을 그대로 닮을 것이다.

인생에서 영어보다 소중한 것은 많다. 영어에 목매지 마라. 영어에 절실하다는 이유는 불안함의 방증일 수도 있다. 여유로움을 가질 수 있다면 과정을 즐기는 엄마표 영어를 하는 데 도움이 된다. 여러분과 아이들의 소중한 시간이기에 최대한 즐겁게 보내자. 여유로운 시각과 마음을 가져라. 우리 아이를 믿는다면 가능하다.

우리 아이 자체를 사랑해주자. 더 믿어주자. 아이의 최고의 모습을 기대하고 또 기대하자. 그리고 우리 아이들에게 그 믿음을 자주 사랑의 말로 표현해주자. 이 마음가짐으로 엄마표 영어를 한다면 아이는 자연스럽게 엄마의 믿음을 느낀다. 영어가 짐이 되지 않는다. 불안하지 않다.

아이는 엄마의 널따란 믿음 안에서 엄마와 함께 멋진 추억을 쌓아나갈 수 있다. 엄마표 영어는 그래서 아름답다. 엄마와 아이 모두를 성장시키기 때문이다. 우리 아이의 가능성을 100% 믿어주자.

02

함부로
영어 전집을
사지 마라

아이 교육에 관심이 많은 엄마라면 서재 같은 거실, 도서관 같은 집을 꿈꾼 적이 있을 것이다. 내가 아이들의 교육을 위해 선택한 방식은 책이었다. 푸름이 아빠의 저서에 많은 영향을 받았다. 나는 우리 아이들이 책을 통해 마음껏 배우고 자신의 호기심을 충족해갈 수 있도록 도와주고 싶었다. 그래서 아주 열심히 책 육아를 했다. 우리 아이들의 책 육아를 7년째 해오고 있다.

약 2년 전 엄마표 영어를 시작하면서부터는 원서를 함께 읽어주었다. 매일 저녁 책을 읽고 있었던 아이들이어서 영어책도 편하게 읽었다. 예전에 구매했던 원서 몇 개와 도서관에서 빌린 ORT(Oxford Reading Tree)로 몇 개월을 보냈다. 약 6개월 뒤부터 영어 영상을 본격적으로 틀어주고는 영어책도 많이 사들였다. 정부에서 매달 아이 이름으로 주는 돈을 원서 값으로 빼놓으라는 한 작가의 말을 마음에 새기고 따랐다.

나는 아이들의 책 육아에 있어서만큼은 자신이 있었다. 우리 첫째는 책 읽기가 취미라고 말하는 아이였다. 지금도 좋아하는 책들이 있으면 3~4시간 동안 책을 읽어내려간다.

둘째는 지적 호기심이 많은 편은 아니다. 그래도 둘 다 책을 좋아했기 때문에 만족스러웠다. 내 어린 시절을 떠올려보면 나는 책을 읽은 기억이 별로 없다. 그래도 이렇게 잘 살고 있지 않은가. 우리 아이들은 나의 유년기에 비하면 엄청나게 많은 책을 읽고 있다.

하지만 이런 자신감이 문제였을까? 아이들과 영어원서를 읽으며 책 읽기의 궁극적인 목적을 놓쳤다. 질보다 양을 추구했다. 아이의 기호나 욕구보다 엄마인 나의 욕심이 앞서기도 했다. 아이들에게 묻지 않고 많은 책을 사둔 탓이었는지도 모르겠다.

원서를 읽고 읽혀야 한다는 강박에 빠지고 말았다. 내가 읽어줄 때는 다행히도 즐겁게 읽는 아이들이었지만, 내가 못 읽어주는 날에도 스스로 읽었으면 했다. 아이에게 혼자 집중 듣기를 하도록 했지만 아이는 정말 힘들어했다. 나도 더는 시킬 수 없었다.

모국어인 한국어도 1년 내내 들어야 '마'라는 첫 소리를 낸다. 게다가 글자를 배우는 나이는 빠르면 5세, 보통은 8세이다. 한글 교육도 학교에서 시작한다. 그런데 영어 노출을 시작한 지 2년밖에 되지 않았는데 영어 책을 술술 읽어나가기를 기대한다니! 왜 아이들 눈높이에 맞춰주지 않았을까? 왜 아이들에게 과도한 기대를 했을까?

'아이들이 영상보다는 책을 더 보면 좋겠어. 영상만 본다고 정말 아이들이 영어를 알아들을 수 있나? 영상 노출을 너무 많이 해서 괜히 내가 아이들 망치는 건 아닐까? 정말 되는 거 맞아? 엄마표 영어에서 책이 중요하다고 하잖아. 아이들이 영상보다는 책을 많이 읽었으면 좋겠는데. 엄마표 영어 성공한 다른 아이들처럼 우리 아이들도 어서 긴 원서도 쭉쭉 읽었으면 좋겠다.'

나도 영어를 영상으로 배웠음에도 아이들에게 영상으로 영어 노출하는 것이 내심 걱정되었다. 그렇게 좋다는 책, 우리 아이들이 영상보다는 책을 보기 바랐다. 더군다나 엄마표 영어에서는 원서가 필수라는 말이 마음에 내 마음에 콕 박혀 있었다.

게다가 나는 엄마표 영어에서 좀 더 빠른 성과를 내고 싶었다. 아이 영어책의 레벨을 빨리 올리고 싶었다. 다른 사람에게 내세울 만큼 엄마표 영어를 하고 싶었다. 지금 돌아보면 과연 누구를 위한 엄마표 영어였나 싶다.

나는 왜 빠르게 목적을 달성하려 했을까? 누구에게 증명하고 싶었을까? 비교하고 있는 그 다른 아이들은 도대체 누구인가? 누구보다 빨리 이루고 싶었던 것일까? 유명한 엄마표 영어 엄마들, 유창하게 영어를 구사하는 아이들이 나의 인생과 무슨 상관이 있단 말인가. 평생을 살면서 나와 마주칠 일도 없는 사람들이 대부분일 테다.

그런데 왜 나는 그런 사람들의 모습을 보면서 부러워하고 조급한 마음을 내었을까. 나는 나의 소중한 시간과 에너지를 낭비하고 있었다. 다른 사람들과 비교를 하는 데에 에너지를 쏟기보다는 내 할 일에 더 집중했다면 좋았을 것이다.

만약 그랬다면 그 과정이 더 치열했을 수는 있어도 결과는 더 좋았을 것이다. 아이들과 더 행복했을 것이다. 사소한 변화에 더 감사하고 작은 성취에 감탄했을 것이다. 시선이 밖이 아닌, 나와 아이들이었다면 그랬을 것이다. 아이들과 함께 성장하기에 진심으로 기뻤을 것이다.

많은 엄마표 영어 관련 책들과 유튜버들이 아이의 영어 실력이 더 높아지기 위해서는 영어책이 필수라고 이야기한다. 하지만 여러분 아이 중에 진정으로 책을 좋아하는 아이는 몇이나 되는가? 그리고 여러분은 얼마만큼 우리 아이가 책을 좋아하게 만들 수 있는가?

이것은 엄마표 영어와 다른 이야기다. 영어 노출 이외에 다른 노력이 필요하다는 이야기다. 책만 고집하게 되면 엄마표 영어의 목적이 흐려질 수 있다. 자칫하다가는 책도, 영어도 둘 다 놓칠 수 있다.

엄마표 영어는 우리 아이에게 영어의 즐거움을 알게 해주고 영어를 모국어처럼 자연스럽게 습득할 수 있게 도와주는 것이 핵심이다. 책을 좋아하지도 않는데 엄마표 영어를 한다고 영어책까지 들이민다면 과연 바른 엄마표 영어라고 할 수 있을까?

책을 좋아하는 아이로 만드는 일은 엄마의 노력이 필요한 부분이다. 또한, 아이의 타고난 지능, 성향에 따라서 어려울 수도, 굉장히 쉬울 수도 있다. 집에서 아무런 도움을 주지 못해도 서울대를 가는 사람도 있고 열심히 노력해서 목표를 이루는 사람도 있기 때문이다. 타고난 것을 무시할 수만은 없다.

그 타고난 것을 극복해서라도 우리 아이가 책에 대한 애정을 갖길 바란다면 부모가 공부해야 한다. 아이를 관찰하고 아이가 좋아하는 주제의 책을, 쉬운 것부터, 원하는 만큼 읽도록 도와주어야 한다. 부모가 아이에게 어떠한 분위기로 책을 접해주었는지에 따라 아이가 책에 대해 좋은 인상을 받을 수도, 아닐 수도 있다.

엄마가 된 이상, 아이를 낳아 기르다 보면 교육적인 부분에 관해 관심을 끄기가 쉽지 않다. 사회의 분위기에 휩쓸리게 된다. 맘카페, 인스타그램, 유튜브를 보다 보면 뭐라도 해야겠다는 생각이 불현듯 들 수도 있다. 아이가 커나갈수록 몸은 편해지지만, 마음은 편치 않다.

2019년도를 기준으로 한국 출판 시장에서 교육, 학습서 출판이 약 70%를 차지한다. 전집류도 보통은 아동과 청소년들을 대상으로 한 교육, 학습 서적이 많다. 그만큼 한국 사람들이 교육과 학습에 대한 열의가 높다는 것을 보여준다.

영어원서를 읽어야 엄마표 영어가 성공한다고 한다. 영어 읽기 수준이 곧 그 사람의 영어 수준이라고 말하는 사람도 있다. '읽기'는 언어 습득의 '유일한 방법'이라고 말하는 학자도 있다. 이 말의 앞뒤를 잘라 들으면 읽기에 맹목적으로 몰빵하게 된다. '혹'하기 쉽다. 강렬한 문구다.

여기에서 학자가 말하는 '읽기'란 무엇인가? 바로 자발적인 읽기다. 스스로 읽는 읽기다. 아이가 스스로 읽을 때 언어 습득이 일어난다는 뜻이다. 반대로 말해 아이가 억지로 재미없게 읽으면 효과적인 습득이 일어나지 않는다. 미안하지만 그렇다. 아이가 졸리고 재미없고 떠밀려서 한다면 엄마표 영어의 목적과는 거리가 멀다.

자발적 읽기가 일어나려면 아이에게는 무엇이 필요할까? 여러분들은 어떤 책들을 읽고 싶어 못 견디는가? 재미있는 것이다. 내가 좋아하는 주제, 내가 좋아하는 스타일의 책이다. 아이에게도 같다. 자발적 읽기에는 아이의 흥미와 관심이 필수다. 자신이 몰입할 수 있는 이야기, 자기가 읽고 싶은 이야기이기에 자발적으로 읽는 것이 가능하다. 이야기가 영어든, 러시아어든, 한국어든 상관이 없다. 내용에 빠져들었기 때문에 언어를 초월한다.

'이 책은 영어니까 이런 문법 구조구나!' '이 단어는 이런 뜻이구나.' 주어, 동사를 구분하면서 읽지 않게 된다. 독해와는 차원이 다르다. 학습하고 있다는 생각이 들지 않는다. 영어의 바다에 그냥 빠지게 되는 것이다. 빠져든 만큼 언어는 자연스럽게 흡수할 수 있다. 그것을 습득한다고 일컬었다. 이 학자는 언어를 그렇게 습득한다는 의미에서 '읽기가 유일한 방법'이라고 한 것이다.

그렇다면 우리 아이에게 책을 읽히는 방법은 단 하나, 아이가 좋아해야 한다는 것이다. 아이가 좋아하는 주제로, 학습한다는 기분이 들지 않도록 접근해야 한다. 무조건 쉬워야 한다. 그리고 아이가 읽고 싶은 만큼 읽어주면 된다. 쉽고 재미있으면 아이가 알아서 더 하고 싶어 할 것이다. 그래서 엄마들이 아이를 품에 안고 영어책을 읽어주자는 것이다. 엄마와 함께 하는 따뜻한 시간을 선물하기 위해서다. 책 속의 나라로 모험을 떠나는 것이 포근하고 안정감이 있고 신나는 일이 되도록 하면 된다.

전집을 들이는 엄마의 마음을 백번 이해한다. 만약 아이에게 심리적인 부담을 지우지 않을 수 있는 엄마라면 얼마든지 사들여도 좋다. 아이가 읽지 않아도 변함없이 아이를 사랑할 수 있는 엄마라면 괜찮다.

하지만 그 누구라도 아이에게 책 읽기를 강요하거나, 억지로 공부하게 할 수는 없다. 우리 아이가 정말 영어책을 사랑하기를 바란다면 오히려 천천히 가자. 아이가 책을 즐겁게 읽을 수 있도록 도와주자. 책이 공부의 교재가 아니라 새로운 세상을 탐험하는 시간이라 여기자.

그리고 아이와 대화하는 시간이라 여기자. 그것이 한국말이어도 상관 없다. 영어와 모국어, 사고하는 법까지 얻게 된다. 아이가 좋아하는 주제와 쉬운 레벨의 책으로 아이가 영어의 바다에 빠지게 만들자.

조급하지 말자. 우리 아이에게 해리포터를 읽히겠다는 생각을 버리자. 대신 영어를 좋아하는 아이로 키우자. 엄마가 더 큰 그림을 그려줄 때 우리 아이들은 더 크게 자랄 것이다.

03

유튜브로
거침없이
시작하자

세상이 좋아져도 너무 좋아졌다. 영어를 배우기에 이보다 더 좋은 시기는 없었다. 미디어, 게임, 유튜브가 문제라고 아무리 미디어에서 이야기한들, 나는 장점만 이용할 참이다. 좋은 점은 최대로 이용하고 단점은 최소화하면 된다.

먼저 미디어 노출의 단점을 생각해보자. 미디어 노출을 왜 아이들에게 문제가 되는가? 미디어에 노출되는 시간이 길면 길수록 아이와 부모의 대화가 이루어지지 않을 수 있다. 그리고 아이가 '놀이'를 하는 시간이 줄어든다. 사람들과 어울리면서 사회성을 발달시킬 기회가 줄어든다. 그리고 미디어는 정보를 주는 쪽이지 나누지 않기 때문에 아이는 시청하는 동안 소극적인 형태의 학습을 취할 수 있다. 우리가 일반적으로 아는 미디어 노출의 단점이다.

그렇다면 우리는 어떻게 아이들에게 교육해야 할까? 가장 먼저, 아이들이 미디어를 정해진 시간만큼 보고 끄는 습관을 만들어줘야 한다. 영상 노출 초반에는 아이들이 영어로 영상을 안 보려는 상황이 생길 수 있다. 그러나 아이가 영어를 알아들으면 알아들을수록 영상을 끄지 않아서 걱정된다.

여러분의 아이들은 영상 노출로 영어 실력을 잡을 것이니 미리 준비하자. 엄마가 정한 노출 시간만큼 보면 된다. 그리고 엄마가 정한 때에 미디어를 보면 된다. 아침 식사 시간이 될 수도 있고 하원 후, 혹은 간식 시간, 저녁 식사 시간, 무엇이든 좋다.

두 번째는 우리 아이들이 무분별하게 영상에 노출되어 휩쓸리지 않도록 가르쳐야 한다. 특히나 유튜브는 한 번, 두 번 본 영상들을 분석해서 시청자의 관심도를 파악한다.

그리고 내 유튜브 계정에 좋아할 만한 영상들을 계속해서 저장해놓는다. 좋은 점은 영상의 데이터가 쌓이면 우리 아이에게 잘 맞는 영상들을 계속 추천받을 수 있다는 것이다. 그렇지만 엄마는 보지 않았으면 하는 영상들도 계속 추천 영상에 뜨게 된다. 아이는 계속 그 영상에 자극되어 이 영상, 저 영상에 자꾸만 옮겨 다닐 수 있다.

이미 아이들은 유튜브에 노출되어 있다. 구더기 무서워서 장 못 담그면 안 된다. 어릴 때 유튜브 다루는 기술을 배워두면 더 좋지 않을까? 그러니 무조건 영상 노출을 막지 말고 아이에게 제대로 사용하는 법을 알려주자.

누가 뭐라 해도 나는 유튜브로 많은 것을 배웠다. 나의 영어 실력은 유튜브를 만나 날개를 달았다. 그리고 운동, 요리, 지식 성공철학, 명상, 엄마표 영어도 유튜브로 많은 도움을 받았다.

엄마들은 우리 아이들에게 영상의 바다에 휩쓸려 이리저리 항해하지 말도록 가르치자. 우리 아이들에게 보기로 약속한 것만 보고 끄게 하면 된다. 간단하다. 한번에 되지는 않는다. 하지만 결국에는 부모의 방향을 따르고 습관을 익힐 것이다.

아이에게 오늘은 이것을 보기로 했으니 다른 것은 안 된다고 해라. 그리고 아이가 어떤 영상들을 보고 싶다고 하면 나중으로 미뤄둬라. 영상을 엄마가 먼저 검열한 후 아이의 흥미를 파악해라. 그리고 나서도 아이가 재차 요구하면 '엄마 검열'을 통과한 것들은 보여줘도 좋다. 나도 그런 식으로 영상을 찾아서 대박이 난 영상들이 꽤 있다. 아이의 시선이 때로는 더 정확할 때가 있다.

이런 방법도 있다. 어떤 엄마는 유튜브 영상을 '오프라인 저장'을 해놓고 그 해당 영상만 보여준다. 어떤 엄마는 '재생목록'에 저장된 영상만 보도록 가르친다. 이런 식으로 엄마가 세운 울타리 안에서 영상을 볼 수 있도록 진행하면 된다. 해결방법은 어디에나 있다. 부모들은 아이들의 미디어 노출에 걱정만 할 것이 아니다. 적극적으로 교육해서 아이의 인생을 풍요롭게 만드는 데 사용하자.

만약 아이의 언어발달이나 창의성 발달이 염려된다면, 영상 외 시간을 좀 더 신경 쓰면 된다. 아이와 즐겁게 대화하는 데 조금 더 시간을 쓰자. 아이가 좋아하는 책을 읽어주자. 밖으로 나가 자연에서 에너지를 얻도록 도와주자. 아이가 마음껏 놀이할 수 있는 자유를 주자.

여전히 아이가 영상에 노출될 것이 걱정되는가? 여러분에게 중독에 관한 오해를 풀어줄 연구를 하나 소개하겠다. 이 연구는 약물 중독에 관한 것이지만 스마트폰 중독 현상이 약물 중독과 비슷한 기전으로 발생한다는 점에서 참고할 만하다. 우리가 중독에 대한 관점을 바꾸는 데에는 충분할 것이다.

1971년, 당시 닉슨 대통령은 베트남 전쟁에서 헤로인에 중독된 군인들을 추적하고 싶어 했다. 당시 베트남 전쟁에 참여했던 미군 중 15%가 헤로인 중독자라고 할 정도로 중독 현상이 심했다.

연구자들은 본국으로 돌아온 군인들을 관찰했고 결과는 놀라웠다. 전쟁 후 자신의 집으로 돌아온 군인들에게서 중독 현상은 나타나지 않았다. 쥐에게 약물이 든 물과 그렇지 않은 물을 주는 실험도 있었다. 쥐들을 다른 쥐들과 어울려 지내게 했을 때는 약물이 든 물을 거의 섭취하지 않았다.

이 연구를 통해 중독이라는 것은 심리적인 문제에서 비롯될 수 있으며 사람들과의 유대가 충족되면 쉽게 중독되지 않는다는 것을 알 수 있다. 우리 아이들은 취약하지 않으며 쉽게 중독에 빠질 만큼 힘든 상황에 있지도 않다.

나의 책을 읽고 있을 정도면 아이들에게 사랑을 쏟고도 남을 만큼 대단한 엄마이다. 엄마들이 어릴 때 어떤 부모에게서 자랐는지는 중요하지 않다. 오히려 힘든 유년 시절을 보낸 엄마들이 자신의 아이들에게 더 잘하는 경우도 많다.

이제는 유튜브를 두려워하지도, 배척하지도 말자. 언어는 무엇인가? 언어는 소통의 도구이다. 소리이다. 의미가 있는 소리이다. 사람들끼리의 약속이다. 살아 있는 자료인 노래, 만화, 브이로그 등의 영상을 통해서 효과적으로 영어를 배울 수 있다. 어릴수록 자연스럽게 습득할 수 있다.

나는 영상자료들을 보고 영어를 잘하게 되었다. 어릴 적 해외 경험도 없다. 나는 25세에, 결혼하고서야 미국 땅을 처음 밟았다. 집이 어려워서 회화학원은 꿈도 못 꿔봤다. 학원에서 배우지 않아서 지금 내가 영어로 자유로운 소통이 가능한지도 모르겠다. 여러분은 어서 관점을 바꿔야 한다. 아이들을 위해서 오래된 생각들을 버리자. 그래야 아이들은 우리와 다른 영어 실력을 갖출 수 있지 않겠는가.

영상자료들은 유튜브뿐만 아니라 여러 플랫폼이 있다. 나는 개인적으로 유튜브와 넷플릭스를 사용한다. 자신에게 맞는 플랫폼을 사용하면 된다. 어떤 영상을 봐야 하는지, 좋은 영상은 어떻게 찾아야 하는지 궁금한 분들에게 일대일 컨설팅을 통해서도 많은 도움을 받을 수 있을 것이다.

『하루 1시간 현서네 유튜브 학습법』의 현서아빠, 배성기 작가는 저서에서 이렇게 말했다.

"유튜브나 넷플릭스의 경우, 영어 노출 환경을 만들어주기에 이보다 더 좋은 매체는 없다고 생각해 적극적으로 활용했다. (중략) 집에서 엄마, 아빠가 영어로 말하며 자연스럽게 노출해주면 좋겠지만 우리는 그럴 만한 환경이 아니었고, 자연스럽게 영상이 이를 대체해준 것이다."

유튜브나 넷플릭스로 아이에게 영어를 들려주는 일은 별나라 이야기가 아니다. 안 하면 손해다. 유튜브로 영상을 노출하느냐, 마느냐는 논쟁의 거리가 아니다. 중요한 것은 엄마가 아이 영어에 목표를 잡고 실천하는 것이다. 당장에 행동하는 것이다.

완벽하게 준비하고 시작하면 늦는다. 아이는 그만큼 시간을 버리게 된다. 완벽한 때라는 것은 없다. 시작하면서 공부해도 충분하다. 아는 것과 행동이 비슷하게 일치할 때라야 더 좋다. 아는 것만 많아지면 오히려 걱정이 많아진다. 그러니 엄마들은 당장 유튜브로 아이에게 영상 노출을 시작하라. 그리고 아이가 성장하는 동안에 엄마가 공부하고 배워라. 다음 단계를 그때 준비하면 된다. 그래도 충분하다.

04

방탄소년단의
영어인터뷰를
보여주자

환경이 바뀌면 아이들은 천재적으로 언어를 습득해나간다. 우리 아이가 갓난아기였을 때 언어를 배웠던 그 능력으로 영어를 그대로 배워나간다. 아이의 수준과 흥미에 맞는 자료들을 통해서 영어 습득에 박차를 가할 수 있다. 적은 시간과 적은 돈으로도 좋은 결과를 낼 수 있다. 그리고 아이 취향에 맞추는 방법이라 아이가 행복하다. 아이가 몰입하게 된다.

아이가 어릴 때는 큰 노력이 필요 없다. 아이가 자기주장이 생기기 시작하면 엄마표 영어에 대한 의견을 제시할 것이다. 그래서 엄마는 아이가 영어공부에 내적 동기가 생길 수 있도록 도와주어야 한다. 우리 아이에게 영어의 '분위기'를 선물해주는 일도 엄마의 역할이기 때문이다.

아이가 부모를 믿어야 하며 부모와 좋은 관계에 있을수록 쉽다. 그리고 무엇보다도 아이가 영어에 대한 긍정적인 느낌을 가지면 아이는 분명히 엄마표 영어의 힘든 과정을 수월하게 지나갈 수 있다. 자신이 하고 싶어서 노력하고 이루었을 때는 성취감도 크다. 누가 시켜서 해냈다는 기분과는 비교가 안 된다. 목적을 모른 채 끌려가서는 아이는 생각만큼 자신감을 가지지 못할 수도 있다.

나는 우리 아이의 영어를 당장 잘하게 만드는 데 목적을 두지 않고 있다. 아이가 스스로 영어 콘텐츠를 보고 읽도록 만들고자 한다. 그런 습관이 모여 결국에는 자신이 달려가고 싶을 때 목표를 위해 달려갈 것이다.

아이에게 영어공부의 동기를 심어주고 더불어 문화를 알려주는 방법 중 한 가지를 소개하겠다. 물론 이 방법이 답은 아니다. 내 아이가 흥미를 느끼는 부분이 무엇인지 잘 관찰하여 '영어 동기'를 선물해주자. 내가 제시하는 방법을 읽다 보면 여러분들의 머릿속에 좋은 아이디어들이 떠오를 것이다. 생각나는 아이디어를 잘 적어서 아이들에게 꼭 실천해라. 나는 지금부터 세계 무대에서 활약하는 방탄소년단의 콘텐츠를 활용하는 방법을 설명하겠다.

방탄소년단을 아직도 모른다면 우리는 현존하는 비틀스의 귀환을 무시하는 것이다. 전 세계 사람들이 방탄소년단의 음악을 듣고 한국에 관한 관심이 대단해졌다. 잘은 모르지만, 동양인 남성들의 위상도 높아졌으리라 생각한다. 유튜브에서 방탄소년단 관련 영상은 찾기 쉽다. 그리고 보는 순간 영상에 빠져들 만큼 방탄소년단의 퍼포먼스는 정말 멋지다. 엄마와 아이의 눈길을 단번에 사로잡을 것이다.

이것은 총 4단계로 진행할 수 있다. 영상을 보는 시간은 하루에 10~15분밖에 걸리지 않는다. 아이들이 계속 틀어달라고 할 수도 있다. 그만큼 중독성 강한 멜로디와 보는 이들의 심장을 뛰게 하는 퍼포먼스를 보여주는 그룹이다.

첫날은 이렇게 시작하자. 방탄소년단의 뮤직비디오나 무대를 보여준다. 2~3개면 된다. 나는 개인적으로 〈아이돌〉, 〈작은 것들을 위한 시〉, 〈DNA〉, 〈ON〉, 〈Not today〉를 좋아한다. 알록달록한 색감과 신나는 박자를 좋아한다면 아이들도 곧 빠져들 것이다.

다음 날이 되면 아이들에게 해외 무대에서 공연한 영상들을 보여줘라. 'AMA(American music awards)' 공연이나 'Billboard Music Award' 공연을 검색해보자. 이 영상을 보면서 자연스럽게 서양의 문화를 간접적으로 체험할 수 있다.

방탄소년단에게 열광하는 여러 인종의 사람들을 보여주자. 어떤 영상에서는 사회자가 영어로 BTS를 소개하는 영어까지 들을 수 있다. 한국인과는 다른 관객의 문화를 볼 수 있다. 엄마도 살짝 이런 문화에 젖어보는 것도 좋다.

셋째 날에는 BTS가 미국과 영국 토크쇼에 출연한 영상들을 보여준다. '지미 팰런', '엘렌', '제임스 코든'의 토크쇼를 추천한다. 특히 제임스 코든과 차 안에서 히트곡들을 부르는 영상이 있다. 'BTS Carpool Karaoke'로 검색하면 찾을 수 있다. 이 영상은 우리 아이들이 깔깔 웃으면서 시청했었다. 한국인이 영어로 외국인과 자연스럽게 소통하는 모습을 보여주자. 아이는 영어가 특별한 게 아니라는 감각을 익혀야 한다. 아이가 가진 언어의 벽을 무너뜨려주자.

영어에 어느 정도 노출이 된 아이라면 자막 없는 영상이 좋다. 만약에 아이가 여러 번 보는 것을 약속한다면 영어로 보고 후에 한글 자막을 보여주는 것도 괜찮다고 생각한다. 콘텐츠를 이해할 때 무조건 한글을 사용하려는 아이의 습관을 막고자 하는 것이니 상황에 맞게 아이에게 잘 유도해주면 된다. 영어를 알면 알수록 아이는 더 흥미 있게 시청할 것이다. 영상 내용을 알아들으니 재미있을 것이다. 중간중간 나오는 한국어도 재미를 더해준다. 쇼 프로그램이기 때문에 진지한 인터뷰와는 조금 다르다. 웃고 시청하기에 적당하다.

영어를 잘하는 리더 RM(본명 김남준)의 대화를 집중해서 들어보면 좋다. 이 청년은 중학교 때 어머니가 사주신 미국 드라마, 〈프렌즈〉로 영어를 공부했다. 현재 영어로 소통하는 데에 문제가 없다. 아이 옆에서 지금 우리가 하는 엄마표 영어가 바로 RM이 공부한 방법이라고 말해줘라. 너는 RM보다 더 일찍 시작했으니 더 잘할 것이라고 지지해줘라. 꿈을 심어줘라. 아이의 자존감을 높여주고 응원해주자. 엄마 자신도 나의 엄마표 영어는 저런 결과를 만들 것이라고 마음껏 자부심을 느껴라.

마지막으로는 볼 영상은 방탄소년단의 UN 연설이다. UN에 초청된 한국 가수는 최초라서 정말 의미가 깊다. 방탄소년단의 세계적 위상을 알겠는가. 나는 방탄소년단이 한국인의 위상을 높여주었기 때문에 진심으로 감사하다. 그뿐만 아니라 '음악'을 매개로 세계의 청소년들에게 바른 메시지를 주고 있어서 같은 한국인으로서 너무나 자랑스럽다.

방탄소년단은 2017년에 연설할 당시, 유니세프에서 진행하고 있는 아동과 청소년의 폭력근절 캠페인에 동참하고 있었다. 2021년 현재도 '자신을 사랑하라'(Love myself)라는 슬로건으로 유니세프 캠페인에 함께하고 있다.

리더인 RM은 연설을 통해 '자신을 사랑하라'라는 메시지를 전 세계 팬들에게 전해주었다. 메시지 자체도 아름답다. 그리고 자신의 경험이 담겨 있어서 진솔하게 느껴진다. 이 연설을 통해 영어뿐만 아니라 세상을 살아갈 때 필요한 가치도 배울 수 있다.

엄마표 영어를 할 때 아이들에게 필요한 것은 언어 자료만이 아니다. 영어 영상과 그림책만이 아니다. 어쩌면 엄마와 어릴 적 같이 본 한 개의 디즈니 영화가 아이에게 영어를 공부할 마음속 씨가 될 수도 있다. 엄마의 정보력보다 아이에게 영어가 좋은 것으로 저장되게 하는 노력이 더 빛을 발할 수도 있다. 아이가 어떤 것에 긍정적인 느낌을 가지면 스스로 찾아나갈 것이기 때문이다. 그래서 엄마표 영어는 아이에게 영어에 대한 동기를 심어주기에 너무나 좋다. 엄마가 우리 아이를 잘 관찰하면 된다. 무엇에 흥미를 느끼는지 알면 된다. 그리고 영어 콘텐츠와 연결하여 영어에 노출하자. 엄마만큼 우리 아이를 잘 아는 사람은 없다.

우리 아이들은 영어의 지식보다 더 중요한 것을 알아가야 한다. 영어를 해야 하는 이유, 영어에 대한 개인적인 느낌, 영어를 통해 내가 할 수

있는 일들을 알아가는 것이 영어 자체보다 훨씬 더 중요하다. 결국, 영어
는 세상과 소통하는 도구로 쓰일 뿐이다. 그리고 아이는 영어를 발판으
로 자신의 인생을 살아나가기 때문이다.

나와 우리 아이들은 방탄소년단을 너무나 좋아한다. 그리고 아이들은
이 영상들을 통해 영어를 더 좋아하게 되었다. 나는 엄마표 영어를 하는
모든 아이가 큰 꿈을 가지고 자신의 분야에서 노력하기를 바란다. 방탄
소년단처럼 우리 아이들도 자신의 분야에서 영어를 가지고 세계 무대에
서 활동하기를 진심으로 바란다.

05

영어책을
읽기 전에
신나게 놀아주자

누군가가 나에게 "당신 아이에게 놀이와 영어 둘 중 하나만 허락할 수 있다면 무엇을 택하겠습니까?"라고 묻는다면 고민도 하지 않고 놀이라고 대답할 것이다. 학술지 「유아교육연구」에서는 진짜 놀이에 대해 다음과 같이 설명했다.

"연구 결과 유아의 '진짜' 놀이는 비구조화된 공간, 비구조화된 시간, 비구조화된 놀잇감으로 구성되었으며, '진짜' 놀이 경험은 유아에게 새로운 관계를 형성하는 관계 맺기, 놀이를 스스로 만들어 실행하고 마무리 짓는 놀이 창안의 의미가 있는 것으로 나타났다."

놀이의 기본 뿌리는 바로 아이의 주도성이다. 아이가 하고 싶은 놀이를 선택해서, 자신이 놀고 싶은 곳에서 하고 싶은 만큼 하는 것이 '진짜 놀이'다. 아이들은 놀면서 전인적 성장을 한다. 모방하고 창조하면서 자신만의 세계를 구축해간다. 그리고 무엇보다 중요한 것은 부모와의 애착과 신뢰를 형성할 수 있다는 점이다. 그러므로 지혜로운 엄마들은 아이들의 놀이시간을 너그럽게 허용한다.

한 연구에서는 삶의 주도권이 없다고 느끼는 사람보다 주도권이 있다고 느끼는 사람들이 사망률이 낮다고 밝혔다. 자신의 인생을 스스로 결정하지 못한다는 느낌은 더 나쁜 습관을 갖게 할 수 있다고 한다.

그렇기에 놀이는 아이들에게 주도성을 키워주고 긍정적인 영향을 미친다. 위에서 말한 대로 '진짜 놀이'란 아이가 원하는 때에, 원하는 놀잇감으로, 원하는 만큼 노는 것이기 때문이다. EBS에서 방영했던 〈놀이의 반란〉 다큐멘터리에서 놀이에 대해 이렇게 설명했다.

"놀이는 아이들의 권리다. 놀이가 없으면 아이들의 삶도 없는 것이다."

나는 첫째가 어릴 적 자연을 체험할 수 있는 곳으로 많이 나갔다. 아이가 호기심이 발동되어 질문하면 성심성의껏 답을 해주었다. 아이가 무언가에 집중할 때는 관찰할 수 있도록 기다려주었다. 차가 없던 시절이라 함께 동네를 부지런히 돌아다녔다. 곤충과 꽃 등의 자연을 관찰하고 계단을 오르내리면서 숫자를 배웠다. 쓰레기차와 공사 차량을 구경할 때면 몰입하도록 재촉하지 않았다. 세상의 호기심을 아이 내면에 쌓아가는 과정이었다.

특히나 몸을 쓰기 시작하는 3세 무렵부터는 놀이터에서 많은 시간을 보냈다. 놀이기구들을 하나씩 정복해가며 성취감과 자신감을 키웠다. 여섯 살까지 그네를 혼자 못 탈 정도로 조심성이 많은 아이였다.

우리 아이들은 조심성이 많아서 위험한 상황도 스스로 감지해서 자신의 몸을 보호할 수 있었다. 같은 또래의 주변 친구들과 가끔 비교도 되었다. 그렇지만 한 번도 아이의 자신감을 깎아내리는 이야기는 하지 않았다. 우리 아이와 다른 아이를 비교하는 것에는 아예 신경을 껐다. 우리 아이가 하고 싶어 하는 것과 우리 아이가 잘하는 것에만 집중했다.

어느 순간 그네를 타기 시작해 지금은 정말 무섭게 그네를 가지고 논다. 그런 첫째 덕분에 둘째와 셋째도 겁 없이 그네를 즐긴다. 잘 키운 첫째 열 아이 안 부러운 법이다. 아이를 믿어주었던 믿음이 빛을 발하는 순간은 누구에게나 선물로 찾아온다.

지금 첫째는 덤블링과 물구나무서기를 연습하면서 논다. 자연히 동생들도 몸으로 묘기를 잘 부린다. 이제는 아이들이 너무 겁이 없어져서 걱정될 정도다.

아이가 두 명이 되고 나서는 모래 놀이터를 많이 다녔다. 맨발로 산을 거닐기도 했다. 자연과 하나가 되어서 햇살을 만끽하고 자유로움을 누렸다. 지금 둘째의 당돌함과 자유로운 성향, 눈치 보지 않는 성격은 그때 자연에서 배운 것 같다. 비가 오는 날에는 비를 흠뻑 맞으면서 뛰어다니기도 했다. 자전거 트레일러에 둘째를 넣고 첫째와 자전거 여행도 자주 다녔다.

아이들이 혼자 놀이하는 시간도 중요하다. 집중해서 하는 소꿉놀이, 모래 놀이, 인형 놀이, 만들기 등 무엇이든 좋다. 아이들 각자가 가진 고유한 성향을 마음껏 분출할 수 있으면 된다. 아이들의 원초적인 즐거움을 충족할 수 있도록 내버려두자. 집중할 때에는 절대 방해하지 말자. 아이가 스스로 놀이를 설정하고 원하는 대로 하도록 엄마가 관여만 하지 않으면 된다. 아이들이 역할놀이나 모래 놀이 등 상상력을 동원해서 하는 놀이는 아이의 뇌파도 바꾼다. 상상력의 뇌파 상태인 세타파 상태가 된다. 『그림책과 유튜브로 시작하는 5, 6, 7세 엄마표 영어의 비밀』에서 양민정 작가는 이렇게 말했다.

"하루에 얇은 책 한 권을 읽게 하려고 3시간을 놀린다는 심정으로 아이를 대하면 좀 더 쉽다. 그러다 그것이 두 권, 다섯 권, 열 권으로 늘어나면 저절로 고맙고 기특해질 것이다."

저자는 아이에게 노는 듯 영어책을 읽히라고 말했다. 일 속에 놀이를, 엄마표 영어를 버무리라고 말이다. 기대치를 낮추고 접근하면 아이의 사소한 성취에도 감사할 수 있다고 말했다. 엄마표 영어에 간절하게 성공하고 싶다면 아이와 먼저 놀아줘라. 아이는 엄마에게 사랑을 받아서 행복하고 엄마를 더욱 믿게 된다. 엄마표 영어가 실패해도 남는 장사다. 아이는 정서적으로 건강하고, 사회성도 좋아지기 때문이다.

놀이에 바깥 놀이, 즉 운동을 포함한다면 더 좋다. 운동을 통해 아이들은 자신의 몸을 제어하고 조절하는 법을 배운다. 자신감은 덤으로 따라온다. 성취감도 느낄 수 있다. 게다가 더 건강해진다. 머리도 똑똑해진다. 혈액이 온몸으로 활발하게 공급되기 때문이다. 그리고 행복에 관여하는 호르몬인 세로토닌이 분비되어 정서적으로 안정된 아이로 자랄 수 있다.

아이가 다 놀고 오면 즐겁게 영어책을 읽어주자. 밥을 먹거나 잠시 쉴 때 재미있는 영어 만화를 틀어주자. 다 놀고 나서 아이는 백지상태이다.

보는 대로, 듣는 대로 모조리 흡수할 것이다. 학습의 시간이 길다고 아이가 많이 배우는 것은 아니다. 즐거울 때, 하고 싶을 때 가장 잘 배운다.

유대인의 교육법 10가지 중에 '평생을 가르치려면 어렸을 때 충분히 놀게 하라'가 있다. 유대인의 자녀 교육법에도 놀이에 관한 내용이 있을 정도다. 그만큼 놀이는 정말 중요하다.

우리가 사랑하는 아이들에게 자유를 허락하자. 자기가 하고 싶은 일이 생겼을 때 마음껏 달려나갈 수 있도록 건강한 아이로 키워내자. 엄마표 영어를 하면서 아이의 자신감과 자존감을 키워주자. 아이에게 놀이시간만 줘도 아이는 힘든 일을 이겨낼 힘을 충분히 얻을 수 있다. 영어책을 읽기 전에 아이와 신나게 놀아주자.

06

아이에겐
칭찬이
보약이다

엄마들이 엄마표 영어를 하는 이유와 아이가 영어를 공부하는 이유는 매우 다르다. 엄마가 살아온 인생과 아이의 인생이 완전히 다르다. 아이가 엄마만큼의 영어 동기를 가지는 것은 불가능한 일이다. 우리 아이들은 인생을 살아본 지 몇 년밖에 되지 않은, 그야말로 순진무구한 존재들이다.

그래서 아이들은 재미있는 영상이 아니면 자리를 박차고 일어난다. 그리고 친구와 노는 시간이 우선순위가 되는 것도 너무나 당연하다. 가족들과 놀러가는 시간이 영어책 읽는 시간보다 소중한 이유는 가족과 함께 있는 시간이 소중하기 때문이다. 정서적인 따뜻함을 엄마에게서 받기 때문이다. 정상이다. 가정의 따뜻함을 알려준 부모님 덕분이다.

사람의 동기를 구분할 때 보통은 내재적 동기와 외재적 동기로 나눈다. 전자는 내면에서 우러나오는 동기, 자기만족, 재미, 성취감, 도전의식, 롤모델과의 동일시, 사명감과 같은 것을 포함한다. 후자는 외부에서 주어지는 보상 혹은 벌을 피하고자 하는 동기이다.

내재적 동기가 성취에 외재적 동기가 꼭 나쁜 것은 아니다. 이 둘을 적절히 사용하면 목표를 효과적으로 이룰 수 있다. 가치체계가 형성되기 이전의 아이들에게는 보상과 벌이 효과적이다. 다시 말해, 외재적 동기를 사용하는 편이 아이들이 이해하기가 더 쉽다. 만약 놀이터에서 자기 차례를 기다리지 못하고 그네를 낚아채는 아이가 있다고 하자. 부모는 아이가 이해할 만한 수준에서 설명해줄 것이다. 그러나 그 설명이 통하지 않을 때는 놀이터에서 아이를 분리하는 일종의 '벌'을 줌으로써 규칙을 따르게 가르친다. 혹은 그네를 탈 때 순서를 잘 지키는 아이에게 칭찬해줄 수 있다. 아이 스스로 성취감을 느끼고 자존감을 높일 수 있다.

아이를 놀이터에서 분리하는 일은 '벌', 즉 외재적 동기가 된다. 자신이 그네 순서를 지키지 않으면 놀이에 참여할 수 없다는 사실을 배우게 된다. 그리고 나중에는 자신의 행동을 조절할 것이다. 그러나 벌로만 행동을 수정하면 안 된다. 만약 규칙을 잘 지킨 아이에게 칭찬을 해주면 아이는 스스로 좋은 사람이라는 느낌을 받는다. 그네를 양보하는 작은 행위를 통해 성취감을 느끼게 된다. 이는 나중에 아이에게 놀이터에서 그네를 양보하는 행위를 촉진하는 내재적 동기로 작용할 가능성을 크게 만들 것이다.

외부의 보상과 벌을 주는 것은 행동수정에 한계가 있다. 상을 주는 행위가 오히려 어떤 일의 흥미를 줄일 수도 있다. 그리고 자신이 받는 보상이 전보다 크지 않으면 큰 동기로 작용하지 않는다.

미국의 심리학자인 드웩 교수는 아이들을 대상으로 보상이 동기에 미치는 영향을 실험했다. 먼저 아이들을 A, B 두 그룹으로 나누었다. A그룹에는 문제 풀이 후 성공하면 보상을 주었다. B그룹에는 문제 풀이에 성공했을 때는 보상을 주지 않았다. 대신 문제를 못 풀었을 때는 노력이 필요하다고 지지해주었다. 이런 과정을 25회 거친 후에 이 두 그룹의 성취에는 어떤 차이가 있었을까? 정윤경, 김윤정의 공저, 『내 아이를 망치는 위험한 칭찬』에서 이를 잘 설명해주고 있다.

"문제를 풀 때마다 선물과 교환할 수 있는 토큰을 받은 A그룹의 아이들은 어려운 문제가 나오면 쉽게 포기했지만, 노력해야 문제를 풀 수 있다는 격려를 받은 B그룹 아이들은 처음에는 풀지 못했던 어려운 문제들을 척척 해결해나갔다. 어려운 문제를 풀어야 하는 수고로움과 선물을 받는다는 일시적인 환희 사이에서 아이들은 차라리 선물을 안 받고 고생을 안 하는 쪽을 선택하는 것이다."

엄마들은 엄마표 영어를 위해 아이에게 제공하는 스티커판, 주말 외식권, 간식 상품권 등 다양한 보상을 제공할 수 있다. 그러나 동시에 아이가 공부하면서 스스로 발전했다는 성취감을 느끼도록 도와주면 좋다. 도전하면서 느끼는 자기 효능감, 영어에 대한 흥미에 초점을 맞춰보자. 우리 아이들은 더 오래, 더 많이 영어를 접하고 싶은 목적의식을 가질 수 있을 것이다.

여러분은 따뜻한 칭찬과 배려를 받아본 적이 있는가? 포기하고 싶은 순간에 누군가의 한 마디로 힘을 내서 한 걸음 더 걸어간 적이 있는가? 엄마가 지금까지 지속하면서 즐겁게 하는 활동은 무엇이 있는가? 그리고 왜 그렇게 지속할 수 있었는가?

우리 아이들에게도 이런 진심 어린 칭찬은 살아가는 동안 아이를 힘이 나게 한다. 스스로 참아내고 견뎌내는 성실한 태도, 어떤 일을 이루려고 도전하는 도전의식, 결과가 당장 나오지 않더라도 작은 성취에 주목하며 노력하는 태도, 불편해도 자신과 남에게 솔직해질 수 있는 용기, 내가 속한 지역사회에 도움이 되는 어른으로 자라고자 하는 사명감 등은 부모의 칭찬을 먹고 자란다.

인간에게는 복합적이고 다양한 감정이 존재한다. 상을 받는 기쁨 이외에도 자기만족, 성취감, 사명감 같은 고차원적인 가치를 추구하는 것은 정말 중요하다. 외재적 동기는 아이에게 어떤 행동을 이끄는 데 한 자극이 될 수는 있다. 그러나 이것만으로는 어떤 일을 오래 할 수 없다.

세상은 그렇게 보상과 벌을 즉각적으로 주지 않는다. 특히나 보상은 그렇게 쉽게 주어지지 않는다. 우리 엄마들은 궁극적으로는 내재적 동기를 길러주는 방향으로 아이를 도와주면 어떨까?

첫째 딸이 나에게 와서 서성인다. "엄마, 칭찬받으러 왔어." 내 일에 열중하고 있다가 속으로 '아차차' 했다.

"너무 수고했어. 잘했어. 끝까지 마치느라 고생했어."

아이가 엄마표 영어를 꾸준히 하는 행동을 칭찬하자. 영어책 100권을 다 읽은 숫자가 아니라 그 일을 마치기까지의 들인 노력과 태도를 칭찬해주자. 힘든 몸을 일으켜 하루 분량을 채운 아이를 기특하게 여겨주자. 어제보다 발전한 아이를 칭찬해주자. 어떤 것을 배우는 태도를 귀하게 여겨주자. 그리고 사회에서 한 역할을 하는 어른으로 성장해감을 기쁘게 칭찬해주자. 우리 아이는 분명 그럴 것이고 우리는 그런 아이를 길러내고 있는 대단한 엄마들이다. 나는 그런 여러분을 한 명 한 명 진심으로 응원하고 칭찬해주고 싶다.

07

멀리 보되
급하게
가지는 마라

영어는 그저 언어일 뿐이다. 내가 소통하고자 하는 대상과 무리 없이 소통하면 성공이다. 내가 원하는 메시지를 잘 전달하고 알아들으면 된다. 글로 소통한다면 글을 잘 이해하고 잘 전달하면 된다. 그래서 언어의 완성점은 어떤 면에서 모호하고 확인할 길이 없으며 완성이라는 것도 없고 끝점도 없다. 정복이라는 말 자체가 불가능하다.

그런데도 엄마표 영어를 하는 엄마들은 아이에게 기대하는 기대치가 있다. 그리고 그 기대치가 상당히 높으며 그것도 이른 시간 안에 달성하기를 바란다. 자기는 못 했으면서 아이한테는 너무 쉽게 바란다. 여기에는 나도 포함이다.

빠르다는 것에 담긴 의미를 살펴보자. 속도가 빠르다면 당연히 비교해야 할 대상이 있다. 누구보다 좀 더 일찍 도착하면 빠르다고 한다. 거기에서부터 문제가 시작된다. 그 비교 대상이 도대체 누구인가. 보통은 책에서 나온 아이의 사례나 공중파 방송에서 영어 영재로 나온 아이들, 유명한 유튜버들의 사례가 표본이 된다. 그래서 '2년 안에 해리포터 원서를 읽게 된 아이'라는 광고문구를 강조하는 마케팅을 한다. 놀랄 만한 결과를 일궈낸 점에 대해서는 박수받을 만하다. 대단하다는 칭송도 얻을 만하다.

문제는 그런 몇 가지 사례가 마치 일반적인 성과로 여겨질 수 있다는 점이다. 가뜩이나 경쟁이 심한 사회에서 아이들 교육에서 엄마들은 얼마나 상실감을 느끼고 실패감을 느끼는가. 엄마야 지는 꽃이라 괜찮다 해도 피어나는 우리 아이들의 인생에도 시작부터 뒤처졌다는 느낌은 무언가 잘못되었다.

여러분은 2002년도 월드컵 당시 감독이었던 히딩크를 다들 알 것이다. 그렇다면 코치진으로 축구 국가대표팀의 곁을 지켰던 박항서 감독을 기억하는가? 지금에야 박항서 감독은 베트남에서 영웅 대접을 받고 있지만, 한국에서는 그렇지 않았다. 히딩크 감독이 떠난 후 2002년 8월 대표팀 감독을 맡았으나 보수를 받지도 못했다. 한국에서 꾸준히 감독으로 지냈으나 1~2억 원의 연봉을 받는 수준에 그쳤다. 성과도 그리 좋지 못했다.

그러나 박항서 감독이 2017년 베트남 축구 국가대표팀의 감독을 맡으면서 인생이 역전되었다. 2018년 아시안 게임에서 베트남을 56년 만에 4강에 올려놓았고 2019년 AFC 아시안컵에서 베트남을 12년 만에 아시안컵 8강으로 이끌었다. 2019년 킹스컵에서도 준우승을 이루며 베트남을 동남아시아 축구 최강국으로 만드는 데 일조했다.

현재 박항서 감독은 베트남 축구의 영웅으로 대접받고 있다. 베트남 공무원이 30만 원의 월급을 받는 것에 비하면 연봉 3억과 포상금은 큰 금액이다. 박항서 감독은 60세가 넘어서야 능력을 인정받았다. 그는 실패에 낙담하지 않고 끝까지 자신의 길을 갔다. 포기하지 않고 자신의 길을 굳건히 걸어갔다.

우리에게도 이런 정신이 필요하다. 아이들이 성과를 1년 안에 내기를 바라는 것은 옳지 않다. 누구나 자신의 속도가 있다. 아이들도 자신만의 속도가 있다. 자신이 타고난 것을 가지고 자기에게 집중하며 걸어가면 훨씬 빠르게 목표에 도달할 수 있다.

우리 첫째는 책을 정말 좋아하는 아이인데도 영어책은 읽기 힘들어했다. 이유는 단순했다. 자기 수준보다 높았고 아직 읽기보다 시청이 더 즐거운 단계였다. 게다가 작년 한 해는 코로나로 아이들도 힘든 시기였다. 활동량이 많은 아이가 집에만 있으려니 얼마나 답답했겠는가. 아이의 영어보다도 일상생활의 행복을 찾는 것이 더 중요한 일이었을 텐데 말이다.

둘째에게도 규칙적으로 영어책을 읽히려고 했지만 쉽지 않았다. 둘째를 읽어주면 셋째는 엄마의 관심을 얻으려고 자꾸 질문해대거나 책을 뺏어갔다. 그 사이 둘째는 토라지기 일쑤였다. 집중을 자꾸만 깨는 막내 덕에 책 읽기 시간도 금세 흐트러졌다.

그러는 중에 내가 가르치는 학생들의 영어 실력은 점점 늘고 있었다. 솔직한 마음으로 '이러다가 남 좋은 일만 시키는 건 아닌가?' 하는 걱정도 되었다. 남의 아이 가르치다가 우리 아이들은 영어 배울 시기를 지날까 봐 신경이 쓰였다. 엄마들의 감사 문자를 받으면 뿌듯함에 하늘을 날았다가도 우리 아이들과 영어책 한 번 읽지 못하고 잠드는 날이 많아질수록 마음은 또다시 무거워졌다.

그도 그럴 것이, 나는 수업시간에 아이들에게 핵심만 전달한다. 원리를 가르쳐준다는 편이 정확할 것이다. 내가 아이들과 엄마표 영어를 하면서 얻은 경험과 지식, 게다가 내가 '영알못'에서 영어를 잘하게 된 경험을 녹여내 전달해준다.

영어에 대한 긍정적인 기억과 감정을 심어주는 것은 물론이다. 자존감이 낮은 아이에게는 끊임없이 칭찬해주고 격려해준다. 심리적인 부분이 해결이 안 되면 좀처럼 영어에 대해서 마음 문을 열지 않는다.

일단 어른에 대한 불안감이 심한 아이는 선생님도 잘 믿지 않는다. 오직 벌이나 꾸중을 두려워해서 눈치를 본다. 그런 친구들과는 먼저 단단하게 선생님에 대한 신뢰를 형성해야 한다. 그러고 나야 진짜 배움이 시작된다.

돌아보니 내가 우리 딸들에게 했던 걱정은 하지 않아도 되는 것들이었다. 내가 아이들에게 만들어준 영어환경으로 충분하다. 환경의 힘은 무섭다. 그래서 맹자의 어머니는 자식 교육을 위해 세 번이나 이사했다.

엄마는 아이 옆에서 도와주는 존재이다. 그래서 무엇보다도 아이가 느끼는 신뢰감이 중요하다. 그리고 엄마는 아이에게 긍정적인 마음을 가지고 있어야 한다. 엄마가 그런 넓은 마음을 가지고 있으면 아이는 영어가 부담스럽지 않다. 편안한 마음으로 영어를 즐기는 아이로 자란다.

우리 아이들은 영어로 보고 듣는 일이 자연스럽다. 그리고 너무나 좋아한다. 내가 영어책을 읽어주는 시간을 좋아한다. 행복해한다. 그렇다면 이미 반 이상은 성공이다. 여기에서 내가 조급한 마음으로 아이들을 마구 끌고 가려 한다면 영어와 아이들의 관계를 망치게 될 것이다. 급하게 갈 필요도, 이유도 없다. 누군가와 비교한다는 것 자체가 무의미하다. 우리 아이들은 모두 특별하고 귀한 존재이다. 각자의 사정에 맞게 해나가는 게 바로 엄마도, 아이도 행복한 엄마표 영어다. 중심은 엄마와 아이가 되어야지, 다른 사람들의 사례가 속도가 되어서는 안 된다.

행복한 일이 되면 꾸준히 할 수밖에 없다. 그리고 아이들은 영어 실력을 늘어날 수밖에 없다. 아이들이 성장함에 따라 각자에게 맞게 계획을 짜나가면 된다. 아이가 좌절감을 맛보도록 급하게 가려고 하지 말자.

아이들이 커서도 영어 영상을 즐기고 책을 읽어나가도록 키우자. 나도 열여섯 살에 영어공부를 시작했지만 지금도 계속하고 있다. 엄마표 영어의 길은 멀지만, 마라톤 하는 기분으로 가자. 서두르면 돌아가게 된다.

08

귀가 얇은 엄마라면
엄마들을
가려 만나라

엄마표 영어모임에서 나온 후에 며칠 간은 정신이 혼미했다. 답답하고 억울하고 화도 났다. 혹시라도 모임에서 만났던 엄마들을 다시 만나지는 않을까 걱정도 되었다. 마음에 두려움 같은 것이 퍼져 있었다.

"그냥 제가 나갈게요. 모임 두고 나갈 테니까 여러분이 원하시는 방향대로 해나가세요."

아무리 생각해도 나는 너무 착했다. 그래도 그렇게 하고 싶었다. 그 사람들이 모임을 통해 도움이 되었다면 모임은 유지해놓고 나가고 싶었다.

솔직히 말하면 나는 이 모임에서 나가도 엄마표 영어에 실패할 리도 없고 포기할 일도 없었다. 다만 내가 도움 주려는 부분을 전혀 알아주지 않고 나에 대한 오해를 가지는 것이 억울했을 뿐이다. 그러나 지금은 너무나 잘한 선택이었다고 자신이 있게 말할 수 있다.

아이들이 친해도 엄마들끼리는 상극일 수 있는 세계가 육아 맘의 세계이다. 엄마들끼리는 너무 잘 맞는데 아이들은 서로 싫어할 수도 있다. 아이의 친구는 아이가, 엄마의 친구는 엄마가 선택하면 된다. 왜 아이를 졸졸 따라다니며 만나고 싶지 않은 엄마들 만나며 시간 낭비하는가. 엄마도 소중한 존재이다. 아이는 아이대로 보내고 엄마는 엄마에게 힘이 되는 친구를 만나라.

어떤 엄마들은 육아하는 외로움, 혹은 엄마표 영어를 하는 데에서 느끼는 답답함을 해결하기 위해서 맘카페를 통해 인연을 만들기도 한다. 미안하지만 그곳에는 낙원이 없다. 내가 느끼는 답답함을 해결해줄 사람은 그곳에서 만날 수 없다. 나와 수준이 비슷한 사람만 만나면 해결책을 얻지 못한다. 그 문제는 내일도, 6개월 후에도 그대로일 것이다.

나보다 잘나가는 사람을 만나야 진짜 도움을 받을 수 있다. 그래야 내 삶도 나아질 수 있다. 진짜 위로는 내 삶이 나아질 수 있다는 희망이 생길 때 찾아온다. 행복한 사람을 만나야 나도 행복하다. 좋은 에너지를 주고받을 수 있는 사람을 만나야 만나고 난 뒤 진이 빠지지 않는다. 아무나 만나면 위로나 공감을 얻기보다 만신창이가 된 정신으로 집에 돌아가게 되는 것이다.

아이들 교육에 몰입하는 사람 중에 부부관계도 좋지 않고 인간관계도 좋지 않은 사람들을 많이 봤다. 여유가 없고 삶에 지쳐 보였다. 왜 아이 교육에 열을 쏟는가? 아이의 진정한 행복한 인생을 위한 것인가? 아니면 경쟁 사회에 발을 들여놓기 전 자신의 아이 위치를 선점하기 위한 노력인가? 그런 사람들이 모인다면 교육에 관한 최신 정보를 나누며 서로 응원을 해주겠는가? 견제하고 시샘하는 것이 오히려 당연하지 않은가?

내가 엄마라서 꼭 엄마를 만나야 한다고 생각하지 않아도 된다. 내 아이와 같은 나이의 아이 엄마를 만나야 할 이유도 없다. 내가 추구하는 삶의 방식과 비슷한 사람들을 만나는 게 제일 행복하다. 그것은 나와 비슷한 관심사를 가진 사람들일 수도 있고, 나와 비슷한 일을 하는 사람들일 수도 있다.

무엇보다도 엄마 자신을 행복하게 만드는 것을 찾는 게 먼저다. 그리고 그런 기쁨을 함께할 사람들을 만나면 행복할 수밖에 없다. 그리고 내가 만나는 사람에게 나는 어떤 것들을 줄 수 있는지 진지하게 생각해보자. 그러면 누군가를 만날 때 신중하게 선택하게 된다. 그리고 받기보다는 주려고 하므로 만남도 오래 간다. 그렇다고 나르시시스트들의 은근한 덫에 걸리지도 않는다.

나는 영어를 좋아하고 성장하고 발전하는 것을 추구한다. 안전지대(Comfort Zone)에 머무르는 것보다 자꾸 새로운 환경에 도전하는 게 즐거운 사람이다. 운동도 꾸준히 해왔다. 아이 셋을 낳았지만 아이 셋 낳은 엄마 같지 않은 몸매를 갖는 게 내 목표다. 나는 나를 최고로 사랑하는 아이 셋 엄마이다. 그 외에도 나는 내가 좋아하는 것이 분명하고 추구하는 삶의 방향도 명확하다.

여러분이 행복하면 어려운 일들은 오히려 금방 풀린다. 답이 먼 곳에 있지 않다. 아이들과의 관계도 훨씬 좋아진다. 남편과 싸우더라도 스트레스를 덜 받는다. 인생의 행복의 요건들이 주변 사람들에게 있으면 위험하다. 그런 사람의 인생은 자주 흔들거린다. 그 모든 에너지를 내 안으로 가져와서 나를 위해 사용하면 선순환이 일어난다.

나는 동네 영어 회화모임에 참여하고 있다. 엄마표 영어모임 이후 새로 만난 인연들이다. 모임을 시작하기 전에는 혹시 잘못된 인연을 만들지 않을까 걱정을 했다. 하지만 1년 넘게 언니들과 영어로 수다를 떨며 즐거운 만남을 이어가고 있다.

'맘스힐링토크'라고 이름 붙인 이 모임은 보통은 이런 질문으로 시작한다.

"How was your week?"

한 주를 어떻게 보냈는지 묻는 것이다. 그러면 나를 포함한 엄마들 대답이 다 비슷하다.

"I was busy with kids."

한마디만 해도 서로 다 이해하고 공감된다. 그만큼 유대감이 깊다.

이 모임의 가장 좋은 점은 서로의 삶에 깊이 관여하지 않는다는 것이다. 그리고 그런 간섭을 받기도 싫어한다. 서로를 존중하고 선을 넘지 않으려고 노력하는 모습이 보여 배려받는다는 기분이 절로 든다. 존중하고 존중받는 엄마들의 모임이다. 그리고 다들 자기 자신을 소중하게 여긴다. 나는 그런 사람들이 너무 좋다. 행복한 사람들은 자기의 경계가 명확하다. 그래서 함께하면 편하다. 아이들 이야기보다 엄마 자신의 이야기를 하니 서로가 느끼는 친밀감도 크다. 게다가 영어로 말하니 뿌듯함도 크다. 값진 수다를 떨었다는 생각에 기분이 좋다.

그리고 나는 직장인들과 영어 회화모임도 하고 있다. 이 사람들과 만나면 평소에는 생각해보지 못했던 주제로 대화할 수 있어 좋다. 나의 시야가 넓어지니 생각도 넓어진다. 열심히 사는 싱글들을 보며 더 자극을 받는다. 엄마로 살다 보면 만나는 사람도 엄마, 생각하는 것도 육아에 집중되기 마련이다. 좋은 사람들과 만나면 만날수록 불안감은 사라진다. 미래에 희망을 품게 되고 발전하고자 하는 의지가 더 커진다.

아이가 어릴 때 아이에게 올인해야 할 때가 있다. 그렇다고 생각마저 온통 아이에게 쏠려 있으면 엄마 자신을 잃게 된다. 언제나 생각은 크고 높게 유지해야 한다. 엄마가 자신과 멀리 떨어지면 외로움을 느끼기도 한다. 내가 나에게 보내는 신호이다.

그럴 때는 좋아하는 책 한 권과 달콤한 음료 한잔을 마시며 사색하면 좋다. 자신과 만나는 시간, 대화하는 시간을 가져라. 산속에 사는 스님도 외로움을 느낀다고 하더라. 외로움이 잘못된 감정이 아니니 걱정하지 마라. 꼭 누군가를 만나서 해결하려 하지 마라. 그럴수록 상처받는 일이 많이 생긴다.

  정말 엄마표 영어에 성공하고 싶고 시행착오를 줄이고 싶다면 전문가에게 배워라. 어떻게 해서든 조언을 구해라. 엄마표 영어를 심지 있게 해나가고 있는 사람들과 소통해라. 그러면 스트레스 받을 일이 없다. 게다가 시행착오도 줄일 수 있다. 시간과 돈, 모두 버는 것이다. 귀가 얇은 엄마일수록, 마음 착한 엄마일수록 아무나 만나지 마라.

ENGLISH

4장

아이의 즐거운
영어 습관 만드는
8가지 기술

01

듣기 환경은
전적으로 엄마의 손에
달려 있다

엄마표 영어를 시작할 때 해야 할 가장 첫 단계는 영어의 소리를 들려주는 일이다. 갓 태어난 아기가 있다. 엄마는 아이의 이름을 부르는 것부터, 기본 생활에 관련된 어휘까지 사용하면서 쉬운 말들을 아이에게 건넬 것이다. '일어났니, 아가야.' '엄마 쭈쭈 먹자.' '우리 아기 배고파요?' '트림해보자.' '코 자자.' 이와 같은 말이다.

그리고 아기에게 좋은 음악을 들려줄 것이다. 라디오를 틀어놓을 수도 있다. 유튜브로 동화를 들려줄 수도 있다. 아기는 누워서 엄마와 아빠가 이야기하는 소리, 할머니의 소리, 형제, 자매가 노는 소리 등을 듣는다.

엄마가 입 모양을 보여주며 '엄마'라는 한국어의 소리를 반복적으로 말한다. 그 외에 생활에 관련한 다양한 단어와 표현을 쉬운 것부터 알려준다. 아이가 그 말을 이해하는지 안 하는지는 중요하지 않다. 아이의 인지가 발달하면 상황 안에서 충분히 이해할 만한 정도이기 때문에 시간이 지나면 자연스럽게 그 말을 듣고 이해하고 사용할 수 있게 된다.

엄마가 간단한 영어를 건네는 것만으로도 언어 자극을 줄 수 있다. 엄마가 '영알못'이어서 간단한 영어 표현도 할 수 없다고 지레 포기할 필요는 없다. 처음에 아이에게 건네는 영어는 쉽고 간단하다. 아무리 '영알못' 엄마라도 우리 아이보다 아는 게 많다.

쉬운 것부터 시작해보자. 내가 운영하는 유튜브 채널 〈애니쌤의엄마표영어TV〉를 이용하면 도움이 될 것이다. 초급 수준의 표현만 골라 올려놓았다. 많이 들으면 들을수록 뇌의 뉴런이 강화될 것이고 어느 순간 입에서 자연스럽게 흘러나올 것이다.

상황별로 필요한 영어 문장을 정리해놓았다. 한 상황당 네 문장으로 정리했으니 공부하기에도 부담스럽지 않다. 하루에 한 개의 영상만이라도 꾸준히 들어보자. 하루 동안 아이에게 영어로 말하고 싶은 상황을 미리 생각해놓으면 더 효과적이다.

아이가 생활하는 환경에서 영어를 지속해서 노출해주면 어떤 일이 생길까? 아이의 뇌에 영어가 자리 잡는다. 그래야 나중에 규칙을 배우더라도 이해가 쉽고 힘들게 공부하지 않아도 된다. 이 환경을 만들어주는 것은 누구나 할 수 있고 가장 효과가 좋다. 엄마는 아이의 듣기 환경을 손에 쥐고 있는 절대자나 마찬가지다. 엄마표 영어를 안 할 이유가 있는가.

아이가 듣고 보는 것을 점차 영어로 바꾸어 나간다고 생각하면 된다. 나는 처음에 엄마표 영어를 시작할 때 쉬운 영어책부터 읽어주었다. 듣고 읽는 환경에 영어를 추가하는 방식으로 진행해갔다. 처음에는 하루에 1~2권을 읽는 정도였다. 못하는 날도 많았다.

아이들과 영어책을 읽더라도 이야기 속에 빠져들기보다는 영어책 놀이를 하는 것에 가까웠다. 쉬운 책에 나오는 대사들을 따라 하면서 두 딸과 연극을 했다. 무조건 해보는 태도가 중요하다. 엄마가 직접 해보면 빠르게 성장한다. 행동력이 정말 중요하다.

셋째를 출산하고 나서는 영어책을 읽어주기 어려웠다. 석 달 뒤부터는 두 딸에게 본격적으로 영어 영상을 보여주기 시작했다. 유튜브에 유명한 채널들, 〈슈퍼심플송〉, 〈코코멜론〉부터 〈페파피그〉, 〈맥스 앤 루비〉, 〈래시〉, 〈마사〉, 〈큐리어스 조지〉를 보여주었다. 유튜브에는 무료로 볼 수 있는 만화들도 많지만 몇 가지 불편한 점 때문에 넷플릭스로 옮겼다.

넷플릭스에서는 〈슈퍼 몬스터〉, 〈프렌즈〉, 〈사이먼〉, 〈매직 스쿨버스〉, 〈트루〉, 〈벤 앤 할리스〉, 〈유후 구조대〉 등을 즐겁게 시청했다. 다만, 바비 인형 같은 캐릭터가 등장하는 영상이나, 대사는 별로 나오지 않고 액션이 화려한 만화는 제외했다. 그리고 영상이 아주 화려한 만화들은 나중을 위해 아껴두었다. 아이들이 집중해서 30분 정도 볼 수 있는 영상이면 되었다.

이런 과정을 여러 번 반복하면서 시청한 영상들이 많아졌다. 그중에 아이들이 반복해서 보는 것이 있고 몇 번 보고는 다시 찾지 않는 영상도 있다. 그 이후에는 아이들의 관심사에 맞추어 내가 보여주는 영상들은 대부분 잘 먹혔다. 나도 욕심을 내려놓고 아이의 취향을 관찰하고 존중하니 점점 쉬워졌다. 요즘은 재미있는 만화들이 많다.

우리 아이들은 얼마나 좋은 시대에 태어났는지 모른다. 이 책을 읽고 있는 엄마들도 마찬가지다. 이제는 영어 콘텐츠가 곳곳에 널려 있다. 이용하지 못하면 손해다. 게다가 돈이 거의 들지도 않으니 얼마나 영어 배우기 좋은가. 넷플릭스는 한 달에 1만 5천 원 정도만 내면 온종일 영어 만화부터 영화, 다큐멘터리까지 볼 수 있다. 유튜브는 한 달에 1만 원 정도만 결제하면 영어권 국가의 사람들이 올린 일상생활 영상을 비롯해 방송사에서 만든 교육 콘텐츠, 만화, 학습 채널 등을 넘치게 시청할 수 있다. '라즈키즈'나 '에픽'같은 전자도서관 사이트도 한 달에 만 원 정도만 내면 영어원서를 무한정 읽을 수 있다.

엄마나 아빠가 큰 노력을 들이지 않고 아이들에게 영어를 노출해줄 수 있는 시대가 왔다. 엄마는 엄마표 영어를 하겠다는 결심을 하고 행동을 지속하기만 하면 된다. 엄마표 영어의 원리를 제대로 이해하고 아이에게 노출해줄 수 있는 출처들을 배우면 된다.

어린이 만화의 에피소드 한 편이 짧으면 10분, 보통은 20분 정도이다. 나는 아이들에게 두세 편을 보여주는 식으로 진행했다. 영상을 끄고 나면 시청했던 만화의 화면은 끄고 소리만 틀어놓았다. 화면을 통해서 소리와 의미가 이어진 아이들에게 다시 한번 반복해서 들려주는 식으로 영어 자극을 해주었다.

어떤 아이들은 집에서 영어를 틀어주면 끄라고 하는 예도 있다던데 우리 집 아이들 세 명은 거부한 적이 한 번도 없었다. 우리 집 아이들은 어릴 적부터 노래를 많이 들어서 그런지도 모르겠다. 남편이나 나나 흥이 많아서 공간에 노래가 가득 차 있는 편이다. 아이들에게 뇌 발달에 좋다는 클래식도 참 많이 들려주었다.

아이들의 귀는 언제나 열려 있다. 엄마는 그 귀에 영어를 심어줄 수 있는 유일한 사람이다. 그리고 어렵지도 않다. 유튜브에서 영어 동요부터 시작해보자. 유치원에서 받은 영어 동화 CD를 이용해보자. 도서관에서 CD가 딸린 영어 그림책을 빌려오자. 유튜브나 넷플릭스로 만화를 보여주고 영어를 많이 들려주자.

엄마가 듣기 환경을 조성해놓으면 자연스럽게 아이들은 영어에 젖어들게 된다. 아이들의 영어 습득을 위해서는 듣기가 가장 처음이다. 가정에서 엄마는 아이들이 무엇을 들을지 무엇을 볼지 결정할 수 있는 사람이다. 이를 기억하고 바로 당장 실천해보자. 듣기 환경은 전적으로 엄마에게 달려 있다.

02

터무니없이
사소하게
시작하자

　엄마들도 다이어트를 위해 운동을 시작하지만, 대부분은 새해 목표로 끝나고 마는 데는 다 이유가 있다. 처음부터 다이어트 식단을 아주 빈틈이 없게 유지하고 일주일에 다섯 번씩 헬스장을 가는 것은 불가능하다.

　일단은 끼니 한 번에 먹는 음식의 양을 줄이거나 한 끼만 다이어트 식단으로 대체하는 식으로 몸을 길들여야 한다. 일주일에 두 번 정도 꾸준히 운동하러 가는 습관 먼저 만드는 게 먼저다. 자신의 한계와 가능한 수준을 파악해서 실천하면 된다. 그리고 한 가지의 습관을 더 추가하는 식으로 하면 고통스럽지 않은 다이어트를 할 수 있다. 한 번에 큰 산을 옮길 수는 없는 법이다. 갑자기 마라톤을 뛰려고 하면 몸이 상하고 성공하기도 어렵다.

우리 아이에게 영어를 쏟아주면 다 받아들일 수 있으리라 생각하겠지만 현실은 그렇지 않다. 아이들의 머릿속에는 영어 자체가 없다. 영어 세계를 구축하기 위해서는 일단 정말 사소하게 시작해야 한다. 그래야 습관이 잡히고 습관이 잡히면 아이의 속도에 맞게 부어주면 된다.

엄마표 영어 기준 노출 시간을 살펴보면 하루에 2시간, 3시간 정도가 나온다. 아주 이상적인 노출 시간이다. 계획대로만 된다면. 그러나 우리가 놓치고 있는 것은 엄마표 영어는 엄마 공부가 아니라는 점이다. 내 아이들이 움직여줘야 하는 일이다. 그리고 우리 아이들은 영어를 공부하고 싶은 마음이 없다.

일단 우리 아이들을 영어 콘텐츠를 찾게 만들고 싶다면 조약돌부터 살짝 던져줘야 한다. 아이의 마음에 바다에 영어라는 울림이 시작되고 그 울림이 마음에 들면 스스로 조약돌을 가져다가 던지며 놀 것이다. 그러나 그 전에 아이에게 무거운 돌들을 이만큼 옮기라고 강요할 수는 없다. 그러다가 우리 아이가 나중에는 조약돌을 아예 외면해버릴지도 모른다. 조금씩 던지면서 느끼는 재미, 조약돌이 퍼져나가며 주는 울림에 흥미가 생기면 아이 스스로 하게 될 것이다.

일단 작고 사소하게 시작해서 아이들이 힘들다고 느끼지 않도록 도와주자. 재미로 고리를 걸어주고 조금씩 습관을 잡아가면 된다. 영어에 대한 첫 번째 인상을 좋은 쪽으로 심어주면 성공 확률이 올라간다. 아이들이 영어에 대한 선입견이 없다는 것이 얼마나 좋은 기회인지 모른다. 그 기회를 전략적으로 이용하자.

솔직하게 고백하자면, 우리 아이들 엄마표 영어를 시작하는 일은 어렵지 않았다. 그 이유는 내가 영어 선생님이어서가 아니었다. 내가 영어를 할 수 있는 엄마여서도 더더욱 아니었다. 영어와 관련이 크게 없어 보이는, 세 가지의 기본 습관이 엄마표 영어에 긍정적인 영향을 주었다.

첫 번째로, 우리 아이들은 한국어 프로그램을 잘 시청하지 않는다. 아무런 목적 없이 TV를 켜서 보지 않았다. 집 안에 텔레비전도 없었고 부모의 허락을 받고 영상 시청을 했다. 우리 부부도 영상을 많이 보지 않았다. 그래서 아이들은 시간이 많았고 어떤 영상이든 기쁘게 시청할 준비가 되어 있었다.

두 번째로, 우리 아이들과 나는 7년 넘게 책 육아를 진행하고 있었다.

그 이야기는 아이들이 책을 좋아하고 책 읽기가 익숙하며 엄마와 책 읽는 시간이 편안하다는 의미이다. 그래서 영어 영상 노출과 영어책 읽기도 많은 거부 없이 진행할 수 있는 기본기가 갖춰져 있었다.

엄마표 영어 시작 전에 이미 여러분이 겪고 있거나 미래에 겪을 시행착오를 먼저 겪었다고 설명하는 편이 더 정확하겠다. 아이들이 심심할 때마다 영상을 보지 않았고 책 읽기로 엉덩이 힘과 집중력이 길러져 있었다. 책의 재미도 알고 있었다. 먼저 매를 맞아놓아서 엄마표 영어를 할 때는 그 시행착오를 겪지 않아도 되었다.

마지막으로 학원을 많이 보내지 않았기 때문에 집에 있는 시간이 많았다. 그래서 아이들은 무언가 배우는 걸 좋아하는 편이었다. 억지로 하게 시킨 일이 별로 없어서 엄마와 하는 활동을 좋아하였다.

그런데 내가 선생님이 되어 학생들을 만나면서 내 생각은 완전히 바뀌었다. 일단 학생들은 영어를 접한 정도, 좋아하는 것, 공부 습관, 성향, 가정환경 등이 모두 달랐다. 이런 아이들에게 우리 아이들과 똑같이 적용할 수는 없는 노릇이었다. 일단 영어의 분위기를 긍정적으로 심어주고 선생님과 친해지는 것이 시급했다. 나는 바로 전략을 수정했고 결과는 만족스러웠다.

일단 아이들이 집에서 시청하는 영상 분량을 대폭 줄였다. 가정 상황에 따라 아이들은 일주일에 한 번, 두 번, 혹은 세 번, 다섯 번 영상을 본다. 가정에서 영어책을 읽는 친구도 있고 아닌 친구들도 있다. 이렇게 꾸준하게 영어를 접하는 습관을 만드는 것이 중요하다.

내가 가르치는 학생들은 즐겁게 영어 콘텐츠를 즐기고 원서를 읽고 있다. 결국에 이 습관과 영어에 대한 긍정적 감정, 그리고 나와 쌓인 신뢰가 2~3년이 지난 후 어떤 열매를 맺을지 모른다. 한결같이 자리를 지키며 영어 만화와 영상을 보고 자연스럽게 원서를 읽어가는 아이들이다. 그리고 나와 헤어지게 된다고 하더라도 스스로 영어를 공부할 팁은 다 얻고 가는 것이다. 그래서 아이들의 장래가 밝다.

중심은 우리 아이, 그리고 엄마가 되어야 한다. 나와 아이가 낼 수 있는 시간이 하루에 30분이라면 그만큼 엄마표 영어를 진행하면 된다. 그래도 뭐라고 할 사람이 아무도 없다. 엄마와 아이가 즐겁게 할 수 있는 만큼 해도 엄마표 영어. 나와 아이가 중심이 되어 아이의 속도와 내가 할 수 있는 만큼 가는 게 '찐'이다.

만약 엄마표 영어를 시작하는 게 복잡하고 어렵게 여겨진다면 다시 원점으로 돌아가 보자. 영어가 무엇인지 깊이 고심해보자. 영어는 왜 필요한지 답해보자. 언어는 어떻게 배우게 되는지 원리를 배워라.

그리고 나면 엄마표 영어의 큰 줄기가 보이고 그래서 시작하는 게 어렵지 않다. 엄마가 영어에 대한 큰 부담감을 내려놓을 수 있다. 그래야 아이와 실천하는 엄마표 영어가 소소하고 가볍다. 그래야 아이들이 따라가기 쉽다.

여러분이 지금껏 엄마표 영어가 두려웠던 이유는 엄마표 영어를 너무 대단한 일로 생각해서 그렇다. 우리 아이들은 시간이라는 자원을 이미 가지고 있다. 자연스러운 노출로 아이가 영어를 좋아하게 만들면 된다. 일단 엄마들이 지금 당장 아주 작게 시작하면 된다.

'1t의 생각보다 1g의 실천이 중요하다'라는 말이 있다. 1g만큼 행동해도 그 행동은 변화를 낳는다. 시작하기 전 생각은 그만하자. 그리고 거창하게 하고자 하는 욕심도 내려놓자. 우리 아이들은 늦지 않았다. 꾸준한 사람은 무조건 이긴다. 아주 사소하게 시작하자. 터무니없이 사소하게 시작하자.

03

영어 동요로
아침을 시작하는
아이들

나는 아침 시간에 아이들에게 영어 동요나 잘 시청했던 영상을 소리로만 틀어놓는다. 내 경험상 등원 전 아이들에게 영상을 보여주는 건 적당하지 않았다. 짧은 시간에 영어까지 욕심내다가 아이와 싸우게 되는 불상사가 생길 수 있다.

아침 시간이 여유롭다면 영어 영상 시청을 추천한다. 아이가 하나이거나 말 잘 듣는 아이라면 등원하기 전에 아침 식사를 하며 20분 정도 시청하는 것도 괜찮을 것 같다. 하지만 나처럼 아이가 많거나, 엄마가 출근해야 하거나, 아침잠이 많은 엄마라면 과감히 포기해라. 아침에도 아이들을 영어에 노출하려는 욕심은 접어두자.

우리 집은 아이들 머릿수가 많으니 볼 영상을 고르고 영상을 끌 때도 한 마디씩 말들이 많았다. 아침에는 중재할 시간도 없고 훈육은 불가능하다. 그냥 엉덩이 들고 바쁘게 움직여야 할 시간이 아닌가.

초반에 몇 번 시도는 했지만, 이제는 등원 전 아침에 영상 시청은 하지 않는다. 아이들이 영상에 엄청나게 집중해서 보느라고 밥을 잘 먹지 않고 준비시간이 지체되곤 했다. 얻는 것 보다 잃는 게 더 많았다.

이 글을 읽으면서 여러분의 아침도 나와 비슷하다면 나처럼 해보자. 아이들이 눈을 뜰 때는 꼭 영어 동요를 들으며 일어나게 하는 것이다. 나는 일주일 단위로 영어 동요를 유튜브 재생목록에 넣어두고 틀어준다. 일주일 동안에는 30~60분의 영어 동요를 반복해서 최소 다섯 번을 들을 수 있다.

아침마다 신나는 영어 동요를 들으면서 일어나면 아이들도 기분이 좋고 활기찬 에너지를 받을 수 있다. 황금 같은 시간을 아무것도 듣지 않고 흘려보내기에는 너무 아깝다. 무의식적으로 들으면서 아이들의 영어 실력도 덤으로 쌓이니 안 할 이유가 없다.

엄마표 영어를 갓 시작하는 사람들은 유튜브의 〈슈퍼심플송〉 채널이 적합하다. 나이가 좀 있는 아이들에게는 〈코코멜론〉 채널을 보여주자.

여러분의 일과는 보통 어떠한가? 직장에 다니는 엄마는 아침 시간이 정말 바쁠 것이다. 아이와 있는 시간이 적어서 아쉬운 마음도 크겠지만 오히려 시간을 활용하기 좋은 점도 있다. 청소나 식사는 '아웃소싱'해서 엄마의 귀중한 시간과 에너지를 꼭 벌어놓자. 전업주부라면 하루 시간을 어떻게 운용하고 있는가. 시간이 여유로운 편이다. 그래서 아이들과 엄마표 영어를 언제 해야 하는지 더 고민이 될 수 있다. 엄마가 시간이 많다고 생각하면 시간을 내기가 오히려 어렵다. 전업주부의 시간을 효과적으로 이용하고 싶다면, 내가 가진 시간이 얼마 없다고 자신을 재촉하는 편이 낫다.

전업주부의 엄마표 영어 하는 시간은 오직 아이 등원과 하원에 맞춰라. 아이 시간에 맞추면 가장 편하다. 등원 전 시간, 하원 후 하권 가는 시간, 바깥 놀이시간, 저녁 먹는 시간, 씻는 시간을 제외해봐라. 각자 가정 상황에 맞게 꼭 해야 하는 일들을 시간별로 정리하고 나머지 시간에 엄마표 영어를 진행하면 쉽다.

아이가 다섯 살 이하로 아직 어리다면 엄마가 엄마표 영어를 위해 할 일은 많이 없다. 아직 영어 말고 기본 생활에 손이 많이 갈 때다. 그리고 영어 말고도 다른 부분으로 자극을 주는 것이 필요하다. 균형이 있는 엄마표 영어를 진행하자. 아이들은 그저 놀면서 영어를 듣고 보는 것만으로도 충분하다.

개인적으로 여섯 살 이후부터는 엄마표 영어를 제대로 시작해도 좋다고 본다. 모국어인 한국어도 어느 정도 구사할 수 있고 읽기도 어느 정도 진행했을 것이다. 모국어로 된 책과 간단한 영어 그림책을 병행해도 효과가 좋을 나이이다.

요새 우리 삼 남매는 어린이집, 유치원, 학교로 뿔뿔이 흩어졌다가 4~5시 이후면 모두 집에 모인다. 큰아이는 스스로 영상을 보고 영어책을 읽을 수 있도록 습관을 잡아주었기 때문에 내가 할 일은 별로 없다. 주말에 한 번은 나와 파닉스 정리 문제집을 푼다. 그리고 인터넷에서 찾은 문제가 딸린 읽기 자료를 인쇄해 같이 문제를 풀어본다. 우리 집 둘째, 셋째는 영상을 시간을 지켜 시청할 수 있게만 관리해주면 된다. 그리고 자기 전 책 읽기 시간을 가지면서 영어책을 읽어주고 있다. 잠들기 전까지 팟캐스트를 활용해 잠자리 동화를 틀어주어도 좋다.

엄마표 영어의 핵심은 아이에게 영어환경을 만들어주는 것이라고 했다. 살아 있는 영어 자료들을 듣고 보고 읽으며 아이들의 영어는 시간이 갈수록 성장한다. 자전거 타기처럼 몸이 기억하는 언어 습득이 일어난다.

영어 영상을 노출하기로 마음먹었다면 과연 얼마만큼 아이에게 시청을 허용할 것인지 정해봐라. 그리고 언제 할지 정해라. 만화와 함께 영어 동요도 놓치지 말자. 아이들 머리에서 영어 노래를 떠올리게 만들자.

아침 등원 준비시간이나 아이들이 목욕하는 시간을 공략해라. 아이들이 매일 반복적으로 하는 일에 영어 동요를 틀어주는 일을 덧붙여라. 엄마가 큰 노력을 들여서 행동해야 하는 일이 아니라서 바로 시작할 수 있고 습관을 들이기도 좋다.

하루 중에 집중도가 가장 좋을 때는 영어 읽기를 하자. 아침에 갓 일어나자마자 책 몇 권을 읽어도 좋다. 우리 아이들은 일어나자마자 책을 읽는 것을 너무나 좋아한다. 엄마의 목소리로 잠을 깨서 좋단다.

일주일에 한 개의 노래 영상을 정해서 아이들에게 들려주자. 한 번 이상은 시청해야 한다. 아이들이 그 노래의 뜻을 알고 있어야 진정한 듣기가 된다. 이미지 없는 듣기는 듣는 사람과 연관성이 없다.

자기 전에 아이에게 팟캐스트, 혹은 전자도서관의 읽기 서비스를 이용해 잠자리 동화를 들려주자. 아이들의 상상력을 자극하는 스토리는 아이들이 멋진 꿈을 꾸며 잠이 들기에 딱 맞다.

아이들의 귀와 눈을 자극할 수 있는 때는 따로 있다. 아이들이 있는 공간을 영어 소리로 무조건 채우자. 하루에 한 번은 영상을 시청하도록 하자. 하루에 한 번은 영어로 된 자료를 읽도록 하자. 그리고 나머지 시간에는 영어를 듣도록 하자. 영어 동요로 아침을 시작하는 아이들은 하루 영어 루틴을 가진 아이들이다. 이런 사소한 행동이 모여 멋진 결과를 낳는다. 여러분만의 엄마표 영어 루틴을 만들어보라.

04

엄마가
눈물 흘리며 봤던
영화를 공략해라

나는 엄마표 영어 초반에는 영화 시청을 그다지 추천하지 않는다. 만약 영화를 좋아하는 집이어서 원래 아이들과 함께 영화를 잘 봤던 집이라면 괜찮다. 그러나 갑자기 영화를 엄마표 영어 노출 자료로 사용하기에는 세 가지 애로사항이 있다.

첫 번째, 영화는 보통 상영 시간이 2시간 전후이다. 아이들이 잘 보고 있는데 중간에 영화를 끄기도 어렵다. 그렇다고 쭉 보자니 호흡이 너무 길다. 시간이 너무 늦어져서 끄려고 하면 분쟁이 일어나곤 했다. 둘째, 영화는 언어의 난이도가 일정하지 않다. 영화는 대사 난이도가 높은 편이다. 영화는 관객의 폭을 다양하게 예상하여 만든다. 그래서 영화의 교훈이 아이가 이해하기에는 난해하기도 하다. 반면에 영어 만화들은 유아, 어린이, 청소년, 성인 등 나이대를 구분하여 만든다. 사용하는 단어, 표현, 문화, 주제도 다양하게 나눠진다. 즉, 영화는 온 가족이 즐기기에 적당하고 일반 영어 만화는 어른이 보면 재미없다. 셋째, 영화는 언어보다는 이미지로 주제와 메시지를 전달한다. 그래서 감독이 말하고자 하는 바가 강렬하게 전달될 수는 있으나 언어 자체만을 배우기에 최고의 자료는 아니다.

이런 점들을 미루어볼 때, 영화는 간식처럼 먹는 영어 콘텐츠로는 적합하게 보인다. 고급 단계로 가면 갈수록 영화도 좋다. 하지만 아이에게 숟가락으로 음식을 떠먹여주는 단계라면 아이 수준에 맞는 영어 만화, 그리고 교육적인 영상들로도 충분하다.

자, 그럼 영화의 장점은 무엇일까? 영화는 한 가지의 주제를 보여주기 위해 긴 시간 끌고 간다. 그런 만큼 몰입하기 좋다. 영화를 보고 나면 아이들은 그 영화 이미지나, 주제곡, 그리고 영화에서 받았던 감정적 황홀감을 오랫동안 기억한다.

좋은 영화일수록 각 인물의 행동과 이유를 이해할 수 있다. 가끔은 악인이 이해가 되기도 한다. 불쾌하지만 그것이 영화가 가진 힘이다. 그로 인해 생각의 폭도 넓어진다. 영화에서 건네는 메시지에 대해 깊게 생각 해볼 수 있다. 같은 영화를 봐도 다른 메시지를 받는다. 영화는 가족 간 의 대화 주제로도 좋다. 한 영화를 보고도 느끼는 점이 다르다. 영화라는 콘텐츠를 효과적으로 사용하면 우리 아이를 영어를 좋아하는 아이로 만 들 수 있다.

엄마, 아빠가 아이를 위해 골라준 영화들이 아이들에게는 최고다. 그 리고 그런 영화를 함께 보면 아이들과의 유대감 형성을 강화할 수 있다. 할 이야깃거리가 생긴다. 엄마와 아빠의 가치관을 자연스럽게 나눌 수 있다. 부모가 좋아하는 영화라면 분명히 아이들이 공감하기에 더 수월하 다. 이미 부모의 취향이나 삶의 태도와 우리 아이들의 색깔이 어느 정도 닮아 있기 때문이다.

우리 남편은 영화를 좋아하는 편이다. 그래서 영화를 고르는 일은 남 편이 주로 맡는다. 어릴 때 봤던 영화들은 대부분 우리 아이들에게 잘 먹 혔다. 〈피터팬〉, 〈팅커벨〉, 〈인사이드 아웃〉 등의 영화는 내가 골랐다. 그 외에 〈니모를 찾아서〉, 〈마다가스카〉, 〈라이언 킹〉, 〈뮬란〉, 〈타잔〉, 〈아름다운 비행〉, 〈행복을 찾아서〉, '해리포터' 시리즈 등은 아빠가 고른 영화였다. 내가 고른 영화보다 아빠가 골라준 영화를 아이들이 더 좋아했다. 내가 봐도 재미있었다. 역시 영화의 맛을 아는 사람이 영화를 골라야 한다.

특별한 가족 루틴을 만드는 것도 좋다. 나는 일주일에 한 번 'Movie night'이라는 날을 만들었다. 어느 책에서 추천한 것처럼 매일 영화를 보는 것은 우리 집과 맞지 않았다. 특히 코로나로 온 가족이 집에 있는 시간이 길어졌을 때는 영화 시청의 효과를 톡톡히 보았다.

아이들은 일주일에 한 번 있는 이 영화 시간을 손꼽아 기다렸다. 남편과 나도 여유 있게 휴식할 수 있는 시간이 되었다. 온 가족이 함께하는 시간이라 좋았다. 아이들에게 간식과 영화표를 만들어주면 아이들은 특별한 날이 된 것처럼 행복해했다. 인터넷에서 영화표와 팝콘 상자를 검색하면 쉽게 찾을 수 있으니 꼭 추천한다.

우리 집처럼 아이가 많고 나이대가 좀 벌어지면 가족 모두를 만족시킬 만한 영화 선정이 어렵다. 큰아이가 영화에 집중하면 아래 동생이 재미없어서 돌아다니기도 한다. 막내한테 맞추자니 큰누나는 지루해한다. 개인적으로 나는 큰아이의 영어를 도와주어야 한다는 생각이 있어서 그렇게 맞추어 영화를 정했다. 하지만 대부분의 유명 만화들은 나이 차이를 느끼지 못할 만큼 다 즐기며 시청하였다.

영화는 아이들의 실력이 올라가면 올라갈수록 영어 습득에 효과가 좋다. 볼 수 있는 영화도 다양해진다. 얼마 전에는 온 가족이 윌 스미스 주연의 〈행복을 찾아서〉를 시청했다. 남편도 나도 어릴 때 감동하였던 영화였다. 엄마가 된 후 영화를 보니 감동이 또 달랐다. 남편도 영화 내내 몰입하며 시청했다고 했다. 예전에는 느끼지 못했던 것들을 이해할 수 있어서 새로웠다. 부모가 몰입해서 보니 아이들도 덩달아 영화에 집중했다.

영화를 보여주기 전에 아이들에게 이 영화가 엄청 감동적인 영화라고 소개해주었다. 영화를 틀어주기 직전, 두 딸이 이렇게 물었다.

"엄마, 이 영화 보고 또 울 거야?"

내가 아이들에게 동화책을 읽어주고 운 적이 여러 번 있다. 슬픈 영상을 보면 자주 눈물을 흘려서 아이들은 이번에도 궁금한 모양이었다. 아이들이 말은 하지 않아도 엄마와 아빠가 무엇을 느끼는지 주목하고 있다. 그래서 엄마, 아빠가 좋아하는 것을 보여주는 것이 가장 아이들이 빠져들기에 좋다.

이 영화를 보고 아이들이 가족의 중요함을 느낄 수 있기를 소망했다.

노력하면 무엇이든지 이룰 수 있다는 점도 배워갔으면 싶다. 아이들에게 이 영화가 실화라는 이야기를 덧붙이면서, 영화의 실제 인물이 등장하는 마지막 장면을 함께 즐겼다.

다음으로 아이들이 좋아했던 영화는 〈뮬란〉, 〈타잔〉, 〈라이온 킹〉이었다. 자발적으로 반복해서 보았던 영상들이다. 영어 만화는 보통 반복해서 보지 않는데 영화는 달랐다. 영화가 주는 감동은 또 다르다.

엄마, 아빠가 좋아했던 영화를 돌이켜봐라. 과거를 돌아보면 분명 엄마가 받았던 감동의 순간이 있을 것이다. 그리고 그 순간들이 모여 지금의 엄마, 아빠를 만들었다. 아이들에게도 같은 감동의 순간을 선물해주자. 아이들에게 보여줄 영화가 딱 떠오르지 않는다면 남편에게 도움을 요청하라. 아빠가 도움을 줄 수도 있다. 어릴 적, 남편도 디즈니 영화를 보면서 눈물을 흘렸을지도 모른다.

영어공부라는 목적은 잠시 밀어두고 편하게 온 가족이 함께하는 시간을 만들어보자. 아이들은 영어를 자연스럽게 접하는 시간이 될 것이다. 아이들 머리에 차곡차곡 영어와 문화가 저장되고 있다. 그리고 가족과 함께하는 따뜻한 시간이 될 것이다. 엄마와 아빠가 눈물 흘리며 봤던 영화를 공략해라.

05

아이가 놀 때도
귀에 영어를
꽂아주자

영상 시청을 통한 영어 듣기는 엄마표 영어에서 가장 쉽고 편하게 시작할 수 있는 활동이다. 책 읽기 활동은 아이가 책 읽기의 습관이 있는 아이인지, 책의 난이도와 주제가 아이와 맞는지가 아이의 흥미를 끌 수도 아닐 수도 있다.

그런데 문제는 우리 아이들에게 온종일 영상을 보여줄 수가 없다. 이 때문에 나머지 영어 듣기 시간을 어떻게 채우는가 하는 질문이 시작된다. 하루에 2시간, 혹은 3시간을 영상 시청으로 오로지 채울 수는 없지 않은가.

나는 인간의 뇌에도 관심이 많아서 의식, 무의식을 계속 공부해왔다. 그래서 우리가 시청하는 것이 얼마나 무의식에 큰 영향을 주는지, 그리고 뇌파의 변화에 따라 무의식에 접근 가능하다는 사실을 알게 되었다.

이런 이유로 나는 나와 우리 아이들에게 무분별한 영상 시청을 엄격히 제지하는 편이다. 같은 이유로 영어 영상 시청에도 비슷한 지침 사항이 있다. 논외이지만, 저녁 시간에 보는 TV 시청은 사람의 무의식에 가장 침투하기 좋은 시간대라는 것을 아는가? 그 시간대 광고비가 가장 높게 책정되는 이유가 있다.

밤 시간대 시청하는 이미지를 더욱 주의하여 골라야 한다. 보통은 나는 흉악범죄기사도 잘 읽지 않으려고 한다. 특히나 자기 전에는 더 주의하는 편이다. 자기 전에 읽은 무서운 내용이 꿈에 나오기도 하는 이유가 바로 무의식과 관련되기 때문이다.

미국 소아청소년과 협회(AAP)에서 설명하는 유아 영상 시청 지침을 확인해보자. 18개월 미만의 아동에게는 영상통화를 제외한 영상 기기 사용을 금지하도록 권고하고 있다. 18~24개월 아이는 부모님과 고품질의 프로그램을 함께 시청하라고 이야기한다. 3~6세 아이의 영상 시청 시간은 1시간으로 제한하고 아이들과 함께 시청하라고 제시하고 있다. 캐나다 소아학회는 24개월 미만의 아동에게는 영상 시청을 권장하지 않는다.

협회에서 제시하는 기준선을 참고하여 우리 집에 맞는 영상 시청 시간을 정해보자. 엄마표 영어 초반 노출 시간을 처음에는 20~30분으로 정했다. 그리고 시청했던 영상을 소리로만 틀어주었다. 유튜브의 〈슈퍼심플송〉 채널을 주로 사용했고 1~2시간씩 틀어주었다.

그 후에 넷플릭스로 넘어와서는 시청 시간이 40분 정도로 늘어났다. 아이들이 흥미 있어 하는 영상을 틀어주니 아이들이 영상 보게 하는 것이 수월해졌다. 지금은 그만 보라고 시간을 확인해야 하는 상황이다.

아이들이 영상 시청을 하고 나면 엄마표 영어가 끝이 아니다. 아이들의 귀를 그냥 두면 안 된다. 아이가 갓 태어났을 때, 혹은 아이가 심지어 배 속에 있을 때도 왜 태담을 들려주었는가? 왜 엄마들은 우리 아이에게 클래식을 틀어주고 동요를 들려주었는가? 아이가 다 듣고 있다는 것을 알기 때문이다. 엄마표 영어도 똑같다. 아이가 쉴 때, 놀 때, 밥 먹을 때, 씻을 때 아이의 귀에 영어를 꼭 들려줘라.

나는 하루에 2시간 혹은 3시간을 목표로 잡고 진행했다. 만약 여러분이 영상 시청 시간을 30분 혹은 1시간 혹은 1시간 30분으로 진행한다고 하자. 그러면 나머지 부족한 시간이 나온다. 그때 그 나머지 시간은 아이가 봤던 영상 혹은 읽었던 책을 소리로만 들려준다.

나는 이를 '흔적 듣기'라고 부른다. 흔적 듣기는 우리가 흔히 영어공부법으로 알고 있는 CNN 뉴스 시청과 다르다. 그냥 무작정 아무 영어 소리나 듣는 일과는 다르다. 성인이든, 아이든 듣기로 실력을 쌓으려면 듣는 내용을 알고 있어야 한다. 내 관심 분야여야 한다. 듣는 것만으로도 내용의 70~80%는 이해할 수 있는 수준이면 된다. 그래야 듣는 사람은 재미가 생기고 소리에 집중하게 된다. 소음처럼 느껴지지 않고 그냥 흘려보내는 배경 소리가 되지 않는다.

가령, 낮에 아이가 넷플릭스에서 〈슈퍼 몬스터〉를 봤다고 하자. 한 에피소드가 20분 정도이니 에피소드 2편을 소리로만 틀어놓으면 40분이 훌쩍 넘는다. 거기에 아이와 시청했던 〈슈퍼심플송〉 30분 혹은 60분짜리 영상을 첨가해서 틀어주면 노출량이 많이 늘어난다. 이동이 많은 가정이라면 차 안에서, 목욕 놀이를 즐기는 친구라면 욕실에서, 블록 놀이를 즐기는 친구라면 놀이방에서 영어 소리를 들려주면 된다.

나는 아이들이 안방에서 놀면 안방에 전자기기를 가져가서 틀어주었다. 유튜브에서 〈피니더샤크〉, 〈페파피그〉, 〈슈퍼심플송〉을 재생목록에 넣어두고 반복해서 들려주었다. 아이들이 거실에 몰려와 놀고 있으면 거실의 텔레비전을 오디오 기능으로 해놓고 틀어주었다. 아이들의 귀를 계속 영어로 자극해주자. 아이가 이전에 시청했던 이미지들이 다시 머릿속에 떠오를 것이다. 이는 아이가 놀고 있을 때도 뇌로는 배운 내용을 듣는 것만으로도 자극을 받을 수 있어서 효과적이다.

언어에서 노출량은 다다익선이다. 만약 영어 노출 목표가 하루 3시간이라고 하자. 시청으로는 모두 채우기 불가능하므로 잠자리 영어 동화 시간 30분을 제외하고 남는 시간은 소리를 들려주면 된다. 영상 시청이 1시간이라면 1시간에서 1시간 30분 정도를 흔적 듣기로 채우면 된다. 내가 지난 2년 동안 아이들에게 해준 일이었다.

첫째는 영상 노출 1년 반 만에 화상 영어를 해도 무리가 없을 정도로 영어를 듣고 이해하게 되었다. 흔적 듣기로 틀어주었던 〈피니더샤크〉 영상은 대사를 줄줄 따라 말한다. 잔소리하느라 바빠 영어로 말을 걸어주는 일도 별로 없었는데 영어로 말도 하기 시작했다. 나보다 영어를 잘할 일밖에 안 남았다. 엄마표 영어는 정말 위대하다.

누구나 엄마표 영어를 할 수 있고 해야만 한다. 쉽고 가장 효과적인 방법이다. 영어를 듣고 보는 일이 너무나 쉬워진 이 시대에 엄마표 영어를 안 하면 정말 손해다. 영어를 보고 들은 아이들과 아닌 아이들의 영어 격차는 어마어마할 것이다.

엄마가 영어를 할 수 없다고 해서 결코 엄마표 영어가 불가능하지 않다. 이가 없으면 잇몸이라고 했다. 나 대신 영어를 들려줄 도구를 이용하면 된다. 노출량과 빈도를 높이면 된다.

아이들의 노는 시간을 절대 그냥 두지 말자. 아이에게 강요하고 재촉할 것도 없다. 그저 아이들이 쉬고 놀 때, 공간을 영어로 채우면 된다. 아이가 영상을 본 시간 이상만큼을 꼭 다시 듣도록 유도해주자.

아이가 재미있게 시청한 영상이라면 아이들의 귀는 자연스레 그곳을 향할 것이다. 아이가 엄마와 재미있게 읽은 책이라면 아이들의 뇌는 다시 그 시간을 거슬러 올라가 뉴런을 강화할 것이다. 활동하지 않는 시간도 아이들에게는 영어 노출 시간이 될 수 있음을 잊지 말자. 아이들에게 부지런히 영어 소리를 들려주고 또 들려주자.

06

사소한 질문으로
마중물을
부어주자

나는 대학생 때 아빠와 나누는 대화가 참 좋았다. 사소한 주제들이었지만 그 시간 동안 아빠와 참 가까워진 것 같았다. 보통은 말수가 적으셨던 아빠였다. 하지만 대화를 하면서는 아빠의 생각을 들을 수 있었다. 아빠를 더 이해하게 되었고 아빠와 연결되는 느낌에 행복했다.

"아빠, 오늘 어떻게 보내셨어요?"

사소한 질문이 시작이었다. 이 질문으로 아빠는 하루의 일을 생각해보기 시작하셨다. 하루의 일을 이야기 나누다가 가끔은 역사 이야기로 넘어가기도 했다. 어떨 때는 아빠의 어린 시절을 이야기해주시기도 했다. 질문으로 아빠와 나는 서로 다른 경험을 공유할 수 있었다. 그리고 서로를 더 이해할 수 있었다. 좋은 질문은 바로 그렇다. 연결해준다. 나와 너를, 그리고 나와 어떤 것을 이어준다.

나는 오늘도 뜬금없이 아이들에게 묻는다.

"왜 영어를 배워야 할까?"

"영어로 된 게 많으니까."
"영어로 책을 읽으려고."
"사람들이 영어를 많이 쓰니까."

큰딸은 내 질문에 이런저런 생각을 꺼낸다. 아이들이 어디에서 들은 이야기를 하는 것 같아도 넘어가라. 엄마는 질문을 계속해야 한다. 아이에게 멋진 대답을 들으려는 게 아니다. 잘 대답한 아이를 칭찬하기 위해서도 아니다. 단지 아이와 영어를 연결하기 위한 질문이다.

아이에게 생각할 거리를 주는 것으로 충분하다. 살아가면서 부모에게 자주 받았던 질문에 대한 답을 스스로 찾아갈 것이다. 엄마의 사소한 질문으로 아이는 생각하지 못했던 것을 떠올린다. 그리고 아이는 그 물음과 답의 연결점을 찾아나갈 것이다.

아이가 혼자서는 영어를 왜 해야 하는지 생각을 해보지 않는다. 그러나 엄마의 질문으로 그 이유에 대해 생각하게 된다. 자주 질문받을수록 더 많이 생각하게 된다. 아이는 당장 대답할 수는 없더라도 머릿속에 잘 저장해둔다. 이것이 질문의 강력한 힘이다.

"세상 사람들은 무슨 언어로 대화할까?"
"인터넷에 있는 글들은 어떤 언어로 쓰여 있을까?"
"어떤 언어가 가장 많을까?"
"영어는 왜 지금 배워야 할까?"
"영어는 어떻게 잘할 수 있을까?"
"어떤 방법으로 공부하면 재미있을까?"
"어떻게 영어를 공부하면 실력이 잘 늘까?"
"갓난아기가 말을 어떻게 배우지?"
"너는 한글책을 어떻게 읽게 되었어?"

이런 질문들은 아이가 영어를 언어로 인지하게 도와준다. 그리고 영어도 우리의 모국어인 한국어와 다르지 않다는 것을 알려준다. 우리 아이들은 영어에 대한 편견이나 배경 지식이 많이 없다는 것이 영어를 시작하는 데 장점이 된다. 하지만 반대로 영어에 대한 동기를 가지기도 어렵다. 본 적이 없는 것을 꿈꾼다는 것은 불가능하다.

"지금 어느 정도 이해하고 있어?"
"좀 어렵다면 다른 자료로 바꿔보는 게 좋을까?"
"영어를 잘하는 사람들 영상을 좀 찾아볼까?"
"어떤 책이 좋아?"
"어떤 만화가 좋아?"
"어떤 책을 사줄까?"

나는 큰딸에게 이렇게 자주 질문한다. 여러 가지 질문을 통해서 아이는 이전에 생각하지 못했던 부분을 생각하게 된다. 영어라는 개념이 머릿속에 시작되고 점점 구체화해간다. 엄마의 질문을 통해 영어의 중요성을 생각해보기 시작한다.

이런 질문은 엄마표 영어를 이미 진행하고 있는 아이들이라면 더 중요하다. 아이가 다양한 정보 속에 자신의 콘텐츠를 찾고 즐길 수 있게 해주어야 엄마표 영어를 독립할 수 있다. 우리 집 큰아이는 혼자서 자신이 좋아하는 책을 찾고 영상자료를 찾는다.

엄마들은 아이에게 영어를 왜 알아야 하는지 동기를 묻는 말에서부터, 영어의 공부 방법, 그리고 지금 공부하는 자료가 자신에게 적당한지까지 물어볼 수 있다. 그리고 아이가 좋아하는 자료가 어떤 것인지 물어볼 수 있다. 아이는 그런 질문을 받아보면서 엄마표 영어 체계를 갖춰나간다. 언어를 배우는 효과적인 방법에 대해 생각을 해보게 된다. 자신이 좋아하는 콘텐츠가 어떤 주제인지 생각해볼 수 있다.

시키는 대로 공부하면 결국 자립성이 자라지 않는다. 나는 엄마표 영어의 궁극적인 목적은 영어의 완성이 아니라 스스로 공부하는 아이로 자라게 하는 것이다. 영어 실력이 조금 부족하더라도 인생을 스스로 살아가는 것이 더 중요하다. 영어는 완성되었는데 엄마가 다 닦아놓은 길을 그저 장애물 없이 안전하게만 걸어 다녔다면 바른 엄마표 영어는 아니라고 본다. 언제까지 아이 인생을 엄마가 만들어줄 것인가. 엄마의 인생과 아이의 인생은 따로다. 서로가 행복한 인생을 살 때 함께 하면 배로 행복하다. 내 배속에서 열 달 품고 낳은 내 새끼지만 나오자마자 탯줄은 끊어졌다.

엄마표 영어를 완벽하게 할 생각은 버리자. 대신 아이에게 많이 질문해라. 엄마가 엄마표 영어를 하는 이유를 아이에게 물어봐라. 영어로 된 영상을 보면서 얼마나 알아듣는지 물어봐라. 엄마는 왜 영어를 잘하지 못하는지 이야기해줘라. 아니면 엄마가 어떻게 잘하게 되었는지 말해줘라. 그리고 그래서 엄마가 날려버린 기회에 대해 말해줘라. 영어를 잘하면 얻는 이득에 관해 설명해줘라. 아이가 어리다면 더 좋다. 영어를 하면 멋진 친구를 많이 사귄다고 알려줘라. 맛있는 것 먹으러 비행기 타고 갈 수 있다고 해줘라. 어리면 맛있는 것 먹고 재밌는 곳에 놀러 다니는 게 전부다.

질문의 힘은 강력하다. 아이는 한 번도 생각을 해보지 않았던 영어에 대해 눈을 뜰 수 있다. 그리고 그때부터 주위에 영어가 보이기 시작할 수 있다. 영어를 잘하는 친구들 이야기를 발견할 수도 있다. 엄마가 시키는 영어가 힘들기만 했던 아이가 엄마의 마음을 조금은 이해할 수 있을지도 모른다.

만약 엄마표 영어로 아이와 갈등이 있다면 사소한 질문만으로도 충분히 해결할 수 있다. 문제 대부분은 그리 심각하지 않다. 해결방법이 있다. 질문하는 엄마도 생각하게 되고 질문받는 아이도 새로운 생각을 하게 된다. 아이에게 사소한 질문으로 영어의 마중물을 부어주자. 사소한 질문이 모여 아이는 영어와 굳건하게 연결될 것이다.

07

책을 보고
엄마의 생각을
꺼내보자

책은 엄마 생각과 아이 생각을 이어주는 다리 역할을 한다. 책은 대화
의 매개체가 되므로 꼭 많은 책을 읽으려고 애쓰지 말자. 지식을 머릿속
에 넣는 것보다 그걸 어떻게 활용할 것인가가 더 중요하다.

나도 처음에는 아이에게 책의 내용을 전달하기 위해 노력했다. 아이가
책에 실린 지식을 잘 기억하길 바랐다. 내용의 줄거리나 지식을 잘 이해
해서 외워 말하면 좋다고 생각했다. 그런데 내가 정말 놓치고 있었던 것
은 다름 아닌 '사고하는 능력'이었다. 인간은 컴퓨터보다 위대하다. 지식
을 이용해서 새로운 생각을 창조하기 때문이다. 그곳에서 창의성과 문제

해결력이 나온다. 지식을 아무리 많이 알아도 나만의 생각이 없으면 쓸
모가 없다.

아이에게 영어책을 읽어주고 아이와 대화를 나눠보자. 한 권을 읽더라
도 그 책에 깊게 빠져보자. 그런데 영어에 대한 두려움을 가진 엄마들,
영어를 잘하지 못하는 엄마들(대부분이 그렇게 생각하니 걱정하지 말자)
은 이런 질문을 한다.

"꼭 영어로 아이에게 물어봐야 하나요?"

많은 엄마가 걱정하는 부분이 '대화할 때 한국어를 사용해도 되는가'이
다. 아이와 영어로 대화를 할 수 있는 엄마라면 영어로 대화해도 좋다.
하지만 무조건 영어만 사용해야 한다는 강박은 버리자. 교포나 오랜 유
학 생활을 한 엄마들을 제외하고, 대부분 한국 엄마들은 한국어가 편하
다. 영어를 조금 한다고 해도 영어로 대화를 나누려다가 금 같은 기회가
지나가버릴 수도 있다. 책을 읽고 나서 가슴을 울리는 감동이나, 스쳐 지
나가는 중요한 경험을 나눌 기회 말이다.

책을 보고 엄마의 생각과 아이의 생각을 나누는 것은 단지 영어만을
위한 것은 아니다. 어쩌면 영어보다 훨씬 중요한 '나만의 생각'을 갖기 위

한 것이다. 그래서 당연히 한국어로 대화를 나누어도 된다. 아이는 책을 통해 자신이 하고 싶었던 이야기를 꺼내놓는 기회를 얻는다. 엄마도 아이의 생각을 들어볼 수 있다. 아이는 엄마를 더 이해하게 된다. 엄마는 보통 아이를 잘 알지만, 아이들은 엄마의 생각이나 고민을 잘 모른다. 그래서 엄마의 생각을 들려주는 일이 더 중요하다. 영어책을 매개로 아이와 나누지 못했던 속 깊은 이야기를 나눌 수 있다.

책의 주제에 따라 대화 내용도 다양하다. 만약 유머가 가득한 영어책을 읽는다면 아이들의 창의적인 생각을 꺼내기에 좋다. 아이와 가장 재미있었던 부분과 그 이유에 관해 대화해보자. 그리고 웃긴 결말을 살짝 바꾸어보면서 창의성을 발휘하게 하라. 그리고 주인공의 캐릭터를 바꿔 이야기를 새롭게 만들어봐도 재미있다. 만약 캐릭터의 성격이 이렇지 않았다면 어떤 식으로 이야기가 진행되었을지 상상해보는 것이다. 혹은 가족 중의 한 명을 이야기의 주인공으로 만들어봐도 재미있다.

교훈이 담긴 영어책에서는 엄마가 엄마의 경험을 꺼내놓아보자. 아이에게 잔소리가 아닌 살아 있는 이야기로 들릴 것이다. 엄마가 과거의 실수나 문제 해결 방법을 알려주고 책의 주제를 녹여내면 영어 그림책과 같은 한 권의 멋진 이야기가 탄생한다. 그리고 아이의 경험이나 생각을 물어보자. 아이의 생각을 들어보면 아이도 자신이 경험으로 꽤 값진 깨달음을 얻어가고 있음을 알 수 있다. 아이도 어른들처럼 실수하고 배우며 성장하고 있다.

모험에 관한 영어책을 읽는다면 아이와 함께 떠나고 싶은 곳에 관해 이야기 나눠보자. 그리고 마음속에 꾹꾹 눌러놓았던 엄마의 모험심이 담긴 이야기를 꺼내놓아보자. 아이의 모험심은 어디를 향해 있는지 들어보고 용감함을 칭찬해줘라. 엄마의 꿈이 깨어나는 순간이 될지도 모른다. 그리고 우리 아이들이 원하는 것이 무엇인지 들어볼 수 있다. 아이들은 의외로 가족과 따뜻한 시간을 바라고 있을지도 모른다. 당장 내일이라도 해볼 수 있는 모험을 아이가 그저 생각만 하고 있는지도 모른다.

보통 잠자기 전에 책을 읽어주며 이야기를 들려주는 것을 '베드타임 스토리'라고 한다. 베드타임 스토리는 아이를 편안한 심신의 상태로 만들어주는 효과가 있다. 그리고 자기 전 사람의 뇌파는 이야기를 잘 수용하는 상태가 되기 때문에 아름다운 이야기와 그림은 아이들에게 그대로 새겨진다. 전성수 교수는 저서 『부모라면 유대인처럼 하브루타로 교육하라』에서 이렇게 말했다.

"나이와 상관없이 아이에게 가장 좋은 언어교육 방법은 부모와의 언어적인 상호작용, 즉 대화와 소통이다. 하버드대 아동 언어학자 캐서린 스노 교수는 아기에게 말을 더 많이 건네는 부모, 아기와의 상호작용 속에서 많은 대화를 나누는 부모, 아기와 더 밀도 있게 이야기하는 부모의 자녀들이 더 뛰어난 언어 능력을 지니게 된다고 했다."

영어책을 읽으며 엄마와 나누는 대화로 아이의 영어 능력과 더불어 생각하는 능력이 자란다. 내가 읽은 책과 아이의 삶을 이어주는 다리가 생긴다. 그래야 진정한 책 읽기가 이뤄진 것이다. 나의 인생과 관계가 없는 책 읽기는 지혜로 남지 못한다.

아이는 엄마의 생각을 들으면서 엄마와 읽었던 이야기를 더 깊이 생각해볼 것이다. 그래서 하면 할수록 영어책 읽기가 재미있다. 영어를 공부한다는 생각보다 엄마와 대화하는 시간이라고 기억하게 된다. 아이는 엄마의 이야기를 들어서 행복하고 또 자신의 이야기를 할 수 있어서 책 읽기를 기다리게 된다.

영어책 읽기를 싫어하는 아이가 있다면 엄마와 대화하는 시간으로 바꿔보자. 단 한 권을 읽더라도 엄마의 생각을 꺼내보자. 아이의 이야기도 들어보자. 아이가 영어책 속의 주제와 인물과 갈등에 대해 생각해볼 기회를 선물하자. 아이는 영어책 읽는 시간이 친근하게 느껴질 것이다. 엄마와 함께 하는 편안한 시간이 될 것이다.

08

조금씩 자주
반복하는 것의 힘을
기억하라

열의가 넘치는 나 같은 엄마들은 아이와 함께 앉은 그 시간이 너무 소중하다. 그래서 아이의 집중력을 어떻게든 길게 끌어가고 싶다. 한 번에 많은 책을 읽어내려가고 싶다. 바닥 한편에 읽은 책이 한 권 한 권 쌓여가면 참 뿌듯하다.

아이가 좋아만 한다면 엄마가 읽어줄 수 있는 만큼 책을 읽어주거나 준비된 활동을 하는 데에는 문제가 없다. 하지만 엄마가 아이의 지루함을 감지하지 못하면 문제가 생긴다. 아이의 눈빛을 놓치게 된다면 실수하는 것이다.

나는 아이의 흥미를 유지하기 위한 전략을 '치고 빠지기'라고 한다. 나는 '치고 빠지기'와 '진득하게 읽어주기' 이 두 전략을 모두 사용해보았을 때, 전자가 더 효과적이었다. 아이가 어떤 활동을 하고 그만하는 것이 조금 아쉬운 마음이 들면 더 좋다. 그러면 다음에 더욱더 하고 싶어지기 때문이다. 그런 후에 내가 영어 그림책을 읽어준다거나 어떤 활동을 시작하려고 할 때 아이들이 더 수월하게 참여했다. 그리고 아이들이 자발적으로 집중하는 모습도 보였다.

이는 내가 가르치는 학생들에게도 비슷하게 통했다. 나는 수업에서 학생이 스스로 자신의 공부량을 정하게 한다. 몇 권을 읽어야 가장 즐겁게 공부할 수 있는지를 묻는다. 이미 나와 수업하면서 학생들의 집중력이나 읽을 수 있는 양을 파악해놓았다. 학생들이 이런 과정을 반복해서 하다 보면 자신의 공부량을 내 예상과 비슷하게 정하곤 했다.

혹시 학생이 지루해 보이면 하던 활동을 잠시 멈추고 다른 수업 재료를 사용해 집중을 이끈다. 책을 스스로 읽게 했다가 만화 영상으로 넘어가 수업을 진행한다. 그리고 다시 재미있는 그림책을 읽어주는 식으로 영어의 자극을 주니 아이들이 지루해하지 않는다.

목표의식이 있는 친구들은 자신이 받아들일 수 있는 정도를 잘 아는 편이다. 얼마나 들어야 배울 수 있는지, 몇 번 반복해야 외울 수 있는지 금방 파악한다. 하지만 반대의 경우에는 학습 전략을 세워갈 수 있도록 부모나 선생님이 도와주어야 한다.

방법은 간단하다. 가령 한 아이가 영어책을 읽으면서 읽기 실력을 끌어올리는 중이다. 무작정 오디오를 틀어주고 들려주는 것보다는 적극적 학습이 일어나게 도와주면 좋다. 몇 번을 들으면 스스로 읽을 정도가 될지를 학생에게 물어본다. 반복 횟수를 스스로 정하도록 맡기는 것이다. 아이는 두 번만 들으면 책을 혼자 읽을 수 있다고 한다. 그럼 두 번만 듣게 한다. 그러나 아이가 직접 책을 읽어보면 모르는 부분이 보일 때가 있다. 학생 스스로 이 정도의 난이도는 두 번으로는 부족하다는 것을 알게 된다. 나는 다시 오디오를 들려준다.

계속해서 이런 과정을 반복하면 된다. 이런 데이터가 차곡차곡 쌓이면 아이는 본인의 '진짜 실력'을 파악할 수 있다. 내가 아는 것과 배워야 하는 내용 사이에서 전략적으로 공부량을 정할 수 있다.

많은 양을 공부한다고 다 머릿속에 남지 않는다. 스스로 공부하고자 하는 동기가 약한 우리 아이들에게는 기분 좋게 공부하는 느낌이 더 중요하다. 그리고 습관이 되면 조금씩 양을 늘려가도 전혀 늦지 않다. 아이 스스로 얼마만큼 반복해야 기억할 수 있는지, 내가 아는 것과 모르는 것, 이해하는 것은 어느 정도인지 살펴보면 좋다. 그래야 나에게 맞는 학습이 가능하다. 불필요하게 반복하지도 않을 수 있고 필요한 만큼만 효율적으로 공부할 수 있다.

내가 아는 한 엄마는 엄마표 영어 초반에 아들에게 영어 영상을 40분씩 보여주었다고 한다. 아들이 자신의 감정을 잘 표현하는 아이였으면 좋았겠지만, 이 아이는 꾹 참고 시청한 모양이다. 엄마 생각에는 아이가 잘 시청하는 것 같아 그대로 두었다고 한다. 잘 보기에 오히려 더 보도록 이 영상, 저 영상을 틀어주었다고. 그 엄마는 자기 욕심이 컸다고 고백했다. 그리고 한동안 엄마표 영어를 중단할 수밖에 없었다고 했다. 후에 그 엄마는 지혜롭게 문제를 잘 해결했다. 지금은 즐겁게 엄마표 영어를 하고 있다.

하루 30분, 1시간, 1시간 반의 노출을 무조건 한 번에 채워야 한다는 법은 없다. 그림책을 읽어야 한다면 꼭 세 권씩 연달아 읽을 필요도 없다. 꼭 한 권 전체를 처음부터 끝까지 다 읽어내려갈 필요도 없다. 아이가 즐거울 수 있는 선에서, 편안하게 영어에 노출해주면 된다. 빨리 가려다가 도중에 오랫동안 쉬어야 할 수도 있다. '쇠뿔도 단김에 빼라.'라는 속담이 엄마표 영어에서는 적용되지 않는다.

6년 동안 각고의 노력 끝에 5개국어를 하게 된 서연이 엄마, 이지나 님의 저서 『엄마표 다개국어』에서 아이의 습관을 잡기 위한 전략에 대해 이렇게 설명했다.

"마음이 급해져서 '지금 이 정도는 해야 도움이 되겠지!'라고 무리해서 계획을 세우고 매일 하는 습관을 잡으려고 하면 엄마도 아이도 너무 힘들어져요. 나한테 힘든 일은 당연히 장시간 해나가는 것이 어려울 수밖에 없고요. 좋은 육아서를 읽거나 어떤 새로운 방법론에 대한 정보를 입수하면, 항상 엄마의 마음만 아이와 상관없이 앞서가는 실수를 하게 됩니다. 그리고 '우리 아이에게는 맞지 않는 방법이었구나!'라고 너무 쉽게 진행을 포기해버립니다."

아이와 함께 하는 엄마표 영어에서는 욕심을 내려놓아야 편하다. 절대 한 번에 많은 양을 끝내려고 하지 마라. 우리 아이와 영어 그림책 다섯 권을 읽으려 하지 말고 딱 한 권만 읽어라. 아이와 파닉스 문제집을 30분 동안 하려고 하지 말고 10분만 하고 마쳐라. 아이에게 40분 동안 만화를 보라고 하지 말고 딱 10분만 보게 하라. 아이가 즐거운 선에서 끝내라. 그리고 아이가 밥을 먹을 때 다시 만화를 틀어주고 보여줘라. 보기 싫어하면 소리라도 틀어놓자. 아이가 어떤 것에 집중하기 전이라면 아까 읽지 못한 책을 쓱 보여줘라.

엄마표 영어는 우리 아이가 중심이다. 아이가 그만하고 싶다고 할 때는 잠깐 멈춰주자. 물론 아이에게 마냥 휘둘리면 안 된다. 엄마는 안다. 아이가 떼를 쓰는 것인지, 정말 힘들어서 그만하려는 것인지. 아이가 영상을 보거나, 책을 읽거나, 문제집을 푸는 것이 힘들다고 말하면 얼른 감지하고 멈춰야 한다.

엄마표 하는 엄마는 우리 아이와 '밀고 당기기'를 해야 한다. 언제나 우리 아이와 영어 사이의 거리를 가깝게 유지하도록 도와주어야 한다. 아이의 정서를 존중해주는 엄마의 노력은 결국 아이 자체를 사랑하는 마음이다. 그런 따스한 배려 속에 아이는 영어를 긍정적으로 기억할 것이다.

ENGLISH

5장

영어의
바다를 본
아이들은 다르다

01

결국에는
해낼 거라는
믿음을 가져라

어떤 사람은 '엄마표 영어라니 참 속 편한 소리다.', '미국에서 살다 왔으니까 가능한 거 아니냐.', '나는 그럴 만한 시간도 없다.', '어떻게 만화 보고 영어를 정복하냐.', '나는 영알못(영어를 알지도 못하는 사람) 엄마라서 절대 못 한다.' 등의 말을 할 수도 있다.

이 모든 이야기는 정말이지 맞다. 여러분 중에 이런 생각을 하는 엄마가 있다면 정말 안 될 것이다. 할 수 없을 것이다. 할 수 없다고 생각하고 말하는 사람에게 어떤 해결방법이 보이고 희망이 있겠는가. 이런 사람들을 어느 누가 도와주고 엄마표 영어 비법을 알려줄 수 있을까.

사람의 말에는 그 사람의 생각이 담겨 있다. 그 생각의 이면에는 무의식이 자리하고 있다. 무의식은 단단한 생각의 실체이며 쉽게 변하지도 않는다. 의지를 굳게 다져도 쉽사리 바꿀 수 없는 의식의 한 부분이다. 게다가 자기 생각을 바꾸려는 마음이 없다면 그 사람이 하는 말은 미래와 같을 것이라고 봐도 무리가 없다.

자신이 변화하고 싶다는 사람은 희망이 있다. 하고자 하는 의지가 있는 사람은 어떻게든 변화할 것이고 배워나갈 것이다. 미리 이뤄낸 사람에게 방법만 배운다면 가능성이 있다. 엄마표 영어는 충분히 성공할 수 있다.

여러분은 긍정적인 사람을 좋아하는가, 아니면 부정적인 사람을 좋아하는가? 내가 함께하고 싶은 사람은 단연 긍정적인 사람이다. 물론 근거 없는 긍정이나, 불안감과 걱정을 감추는 긍정은 잘 분별해야 한다. 어찌되었든 인생에 대한 상처와 사회에 대한 불만만 이야기하는 부정적인 사람보다는 가짜 긍정이 차라리 더 나은 것 같다.

긍정적인 사람들은 자신의 문제를 해결하려는 의지가 있다. 겉으로 말을 어떻게 하든 행동으로 개선하고자 하는 의지를 보여준다. 해결할 수 없는 문제라면 아예 마음을 강하게 먹고라도 행복한 태도를 유지하는 인간승리의 면모도 보인다. 반대로 불평을 제기하는 사람들은 문제의 원인이 오직 상대에게 있어서 해결할 이유도, 책임져야 할 이유도 없다.

나에게도 인생의 문제가 내 가정환경 때문이라고 여겼던 적이 있었다. 누구 때문에, 이것 때문에, 저것 때문에 핑계도 많이 댔다. 나를 깎아내리는 자책도 많이 했다. 깊은 내면에서는 나에 대한 신뢰가 부족했다.

어떤 엄마는 나에게 이렇게 물을 수도 있다. '나를 진심으로 응원해주고 칭찬해주는 사람이 없었는데 제가 어떻게 할 수 있다고 믿나요?'라고 물을 수도 있다. 나는 이렇게 대답하겠다.

"본인에게 나는 할 수 있다고 말하세요. 믿을 때까지 반복해서 말하세요. 필요하다면 하루에 100번씩 되뇌세요. 종이에 적어 아침마다 읽으세요. 거울을 보고 눈을 바라보고 말하세요. 내가 얼마나 대단한 존재인지, 내가 얼마나 멋진 존재인지. 얼마나 소중한 존재인지."

자신의 자존감은 오직 스스로 세울 수 있다. 자신의 신성함은 자기 자신만이 지켜낼 수 있다. 우리는 더는 유약한 어린아이도 아니고 할 수 없는 것보다 할 수 있는 게 훨씬 많은 존재이다. 우리는 그렇게 약한 존재가 아니다. 내 능력이 부족하다고 생각하면 언제나 다른 사람들의 도움이 필요하다. 동등한 위치에서의 도움이 아닌 어린아이이자, 피해자의 모양새가 된다. 나에게도 그랬던 시절이 있다. 주변 사람들에게 더 의지하면 의지할수록 문제는 해결이 안 되는 악순환을 경험했다. 나의 능력이 부족하다고 정의하는 만큼 외부에 나의 인생의 결정권을 넘겨준 꼴이었다. 그럴수록 내가 통제할 수 있는 현실은 더 좁아지고 이리저리 끌려다니게 되었다. 그게 가족이라도 어쩔 수 없다. 가족도 나의 행복을 책임져주지 않는다. 내 행복과 내 인생의 주도권은 오직 나에게만 있다.

다른 사람들이 나에게 했던 비판의 말들이 내 현실이라고 믿었다. 적어도 지금은 훌훌 털고 내가 원하는 인생을 위해 달려갈 준비가 되어 있다. 나를 깎아내리는 말에 머무르지 않는다. 슬쩍 쳐다보고는 다시 내 갈길을 간다. 누군가의 비판에 내가 기분이 나빠도 다른 나를 증명해낼 수없다면 이미 진 게임이다. 우리 엄마들은 우리 아이를 위해, 그리고 나를위해 당장 행동해야 한다. 옆집 엄마의 말은 들을 필요가 없다. 내가 해야 한다고 생각하면 하면 되는 것이다. 남편이 내 편이 아니라도 괜찮다. 엄마는 강하기 때문에 해낼 수 있다.

스스로 할 수 있다는 믿음을 '긍정'이라는 말로 대체해보자. '긍정'의 힘을 모르는 사람은 없을 것이다. 그래서인지 오히려 별것 아닌 것처럼 여겨지는 듯하다. 긍정적인 태도는 너무나 중요하다. 긍정적이라고 모든

지 다 이룰 수 있는 것은 아니다. 하지만 확률은 높일 수 있다. 할 수 있다고 여겨도 실패하거나 여러분이 원하는 성과를 달성하지 못할 수도 있다. 여러분이 세운 목표에 다다르지 못할 수도 있다. 그러나 할 수 없다고 생각하는 사람이 있다면 그 사람은 실패할 가능성이 커진다. 할 수 없다고 믿기 때문에 어떤 행동도 하지 않는다. 행동하더라도 문제가 오면 금방 포기한다. 그래서 실패를 통해 배울 수도 없고 약간의 성취도 얻기 어려울 것이다. 어떤 일을 하기 전에 할 수 없다고 생각하고 꾸준히 도전할 사람이 몇이나 되겠는가. 부정적인 얼굴에 도움의 손길을 내밀 수 있는 조력자들이 과연 있겠는가.

긍정이 여러분의 인생에 과연 어떤 영향을 미치는지 몇 가지 연구를 소개하겠다. 내가 여러분께 입증된 연구 결과를 소개하는 이유는 내 의견이 나만의 주장이 아님을 알려주기 위해서다. 여러분에게 신빙성을 강하게 심어주어서 여러분들이 의식과 행동에 영향을 미치길 바라는 마음에서다. 책의 한 구절로만 끝나지 않고 여러분의 행동에 시작이 되길 바라는 노력임을 알아주었으면 좋겠다.

킹스 대학에서 시행한 연구에서는 긍정적인 상상은 불안 장애를 겪고 있는 사람들에게 행복감을 늘려주고 평온을 가져다주었으며, 반면에 불안감을 감소시키는 것을 확인하였다. 캐나다 웨스턴 온타리오대 연구원

들은 즐거운 분위기를 경험한 참가자들이 그렇지 않은 참가자들보다 이후 패턴 분류에서 더 높은 수행력을 보였다는 것을 발견했다. 긍정적인 생각은 면역력을 높이고 스트레스를 낮춘다는 사실도 증명되었다. 게다가 트라우마도 더 잘 다루게 된다고 한다. 켄터키대학에서 진행한 추적 연구에서는 오래 산 수녀들에게서 긍정성이 높게 나타났음을 확인하였다.

미국 국립생물공학정보센터(NCBI)에서 진행한 연구에서는 긍정적인 생각이 주어진 기회를 더 잘 이용한다고 밝혔다. 긍정적인 사람은 자신에게 주어진 상황에서 문제를 문제로만 보지 않고 해결하는 방향으로 판단하기 때문이다. 또한, 긍정적인 태도는 사람들에게 신뢰를 주기 때문에 협력을 이루기에 유리하다고 했다. 그 외에도 행복감이 높은 사람은 그렇지 않은 사람보다 180% 에너지가 높다는 연구도 있다.

긍정적인 마음을 가지면 여러분의 에너지도 좋아지고 더 행복해지며, 스트레스에 더 잘 대처할 수 있다고 한다. 긍정적인 마음을 먹지 않을 이유가 있는가? 우리 아이와 엄마표 영어는 분명히 성공한다고 믿는 것에서부터 시작하자. 긍정적인 엄마들이라면 엄마표 영어를 하면서 어려운 시기를 만나더라도 좌절하지 않고 더 잘 극복해나갈 것이다. 문제에 봉착했을 때 개선점을 찾아나갈 수 있을 것이다. 실패를 실패로 여기지 않고, 다 지나가는 과정임을 확신할 수 있을 것이다. 이런 엄마들은 분명히 다르다. 작은 성공과 실패에 일희일비하지 않는다. 어차피 엄마표 영어는 성공한다는 것을 알기 때문이다.

나도 밝은 마음을 먹고 아이들을 대할 때 더 유연한 사고를 할 수 있었다. 셋째 아들이 책을 뺏어가도 둘째를 어르고 달래며 읽기 흐름이 끊기지 않게 했다. 잠자리 책 보는 시간에 아이언맨 놀이를 시작한 셋째가 첫째 누나를 발로 차게 되어도 나는 차분함을 유지하고 상황 정리를 해줄 수 있었다. 짜증을 부리는 둘째에게 웃으며 리더스 책을 읽어줄 수 있었고 첫째에게 긍정의 말로 책을 읽도록 독려해줄 수 있었다. 나의 긍정성은 아이를 키우면서 그 상황을 어떻게든 해결해나갈 수 있다는 믿음을 주었다.

여러분의 긍정적인 생각은 엄마표 영어에 어떤 영향을 미쳤는가? 사소한 문제들을 어떻게 극복했는가? 긍정적인 마음을 유지할 수 있는 여러분만의 방법이 있다면 무엇인가? 반대로 엄마의 생각이 엄마표 영어를 방해했던 경험이 있는가?

여러분도 결국은 해낸다는 믿음을 가진다면 엄마표 영어에 성공할 확률을 크게 높일 수 있다. 내가 지금까지 엄마표 영어를 해오면서 포기하지 않을 수 있었던 이유는 해낼 것이라는 믿음 덕분이었다. 과정 중에 만나는 문제에 대안도 더 쉽게 찾아낼 수 있다. 낙담하더라도 이내 곧 가볍게 이겨낼 수 있었다. 우리 아이들이 결국에는 영어를 정복할 것임을 보았기 때문이었다. 나 역시 엄마표 영어를 멋지게 해내고 말 거라고 다짐하고 또 다짐했다. 엄마들이여, 어떤 문제가 오더라도 결국에는 해낼 거라는 믿음을 가져라.

02

천천히
그리고
꾸준히 하라

빠른 것이 도대체 무슨 의미가 있을까. 속도는 상대적이다. 누구보다 빨리 성과를 내는 것이 정말 중요할까? 누구보다 뛰어난 것이 도대체 어떤 의미가 있는가? 왜 우리는, 우리에게 혹은 우리 아이들에게 빠른 결과를 만들어내길 원하는가?

우리 아이가 제 나이 또래보다 말을 빨리하고 빨리 걷기를 시작하면 어떤가. 우리 아이가 자랑스럽고 기쁘다. 남들과의 비교 속에 엄마는 괜히 우쭐해지기도 한다. 우리 아이가 다른 아이보다 키가 작고 말도 느리다면 엄마들은 어떻게 생각할까?

아이들 고유의 속도와 개성이 기준이 되면 어떨까. 그렇다면 엄마표 영어의 여정은 과연 어떠할까? 엄마가 아이를 보는 시각이 주변에 의해서가 아니라, 오직 나의 아이가 중심이라면 과연 아이의 인생은 어떻게 빛이 날까?

나는 아이 셋을 키워보며 알게 되었다. 아이는 각자 타고난 기질과 재능이 다르다는 것이다. 그리고 또한 환경에 따라 사람은 변한다는 것이다. 어른의 뇌조차도 고정되지 않았으며 끊임없이 변화한다. 이미 뇌 과학에서 밝혀진 바이다. 나이가 들어서도 계속 성장하고 변화할 수 있다는 강력한 증거이다.

그렇다면 우리 아이들은 어떤가. 다른 아이들과 비교하고 아이의 가능성을 제한할 이유가 어디 있는가? 부모의 역할은 절대적이지만 아이의 성장을 기대하는 부모는 부모가 가진 배경을 뛰어넘도록 가르칠 수 있다. 결국 부모의 의식이 아이에게 큰 영향을 미치는 것은 분명한 사실이다.

엄마표 영어는 아주 긴 여정이다. 해당 언어 국가가 아닌 상황에서 그 언어를 배운다는 것은 절대 쉽지 않다. 언어는 무의식적인 과정에서 이루어지기 때문에 몸에 익히는 것이 중요하다. 그래서 입에서 영어가 나올 때까지도 많은 시간이 필요하고 계속해서 관리해주어야 그 실력이 녹슬지 않는다.

엄마표 영어에 대한 바른 지식을 알고, 성실한 마음가짐과 태도를 유지한다면, 꾸준히 실천하는 것이 어렵지 않을 것이다. 그런 엄마들은 엄마표 영어를 절대 실패할 리가 없다. 엄마의 결심, 지식, 계획, 태도의 조합이 엄마표 영어의 성공과 실패를 결정지을 것이다.

어떤 일이든 잘하게 되려면 많은 시간과 노력이 필요하다. 너무나 당연한 이야기다. 모르는 사람은 없다. 하지만 단순히 안다는 것은 중요하지 않다. 실천하지 않는 지식은 창고에 넣어둔 먼지 쌓인 물건들에 지나지 않는다.

우리는 대단한 퍼포먼스를 보여주는 운동선수들, 한 분야의 전문가들에게 많은 돈을 낸다. 여러 해 동안 쏟아부은 노력과 과정에서 겪은 고통과 극복한 그 정신, 그리고 거기에서 얻은 노하우와 지혜에 대한 응당한 대가일 것이다.

어떤 것을 정복하는 데 필요한 것이 무엇이냐라는 이야기를 할 때마다 등장하는 개념이 있다. 바로 1만 시간의 법칙이다. 하루에 3시간씩 1년이면 1,095시간이다. 10년이면 1만 시간을 넘는다. 1만 시간의 법칙을 1, 2년 안에 채우려면 포기할 수밖에 없다. 우리는 그저 평범한 지능에, 평범한 재능을 가진 사람들일 뿐이다.

우리 아이들도 비슷하다. 1만 시간의 법칙을 채우려면 긴 과정으로 만들어 성취해가면 된다. 만약에 그 긴 시간을 도저히 견딜 수가 없다면 그 목표는 내가 정말 원하는 것이 아닌지도 모른다. 내가 원하는 것보다 들여야 하는 노력이 커 보이면 감히 실행할 수 없다.

그러니 여러분이 앞으로 엄마표 영어를 하다가 도중에 멈추기로 하더라도 엄마 자신에게, 혹은 아이에게 절대로 실망하지 마라. 여러분의 실천력이나 능력에는 아무런 문제가 없다는 것을 알았으면 좋겠다. 여러분의 아이도 마찬가지이다. 내가 원하는 것이냐, 아니냐에 따른 것이니 자신을 낮추지 마라. 절대로 그러지 마라. 이 책을 쓰고 있는 나와 여러분은 절대 다르지 않다. 당신의 아이와 우리 아이도 절대 다르지 않다.

어떤 일에 능통하다는 것은 며칠, 몇 달, 고작 몇 년으로 끝날 일이 아니다. 꾸준하게 매일 할 일을 완수해갈 때, 그것이 쌓이고 쌓여 결과가 나올 때 받는 선물이 '능통함'이고 '뛰어남'이다. 조금 실천해보고 무언가를 달성하려는 그런 가난한 마음가짐으로는 안 된다. 급한 마음, 조급함,

불안함은 다 버리고 가야 한다.

　꾸준하게 하는 태도, 포기해버리지 않는 태도가 인생에서 얼마나 큰 덕목인지 모른다. 엄마표 영어를 통해 우리 아이는 인생의 성공에 가까워지는 태도를 배울 수 있다. 그래서 엄마표 영어는 영어 이외에도 다른 것들도 잘하게 만들어줄 것이다. 우리 아이는 포기하지 않고 도전하는 끈기와 근성도 얻어갈 것이다.

　여러분은 인생에서 활활 타오르다가 꺼지는 불꽃을 이전에도 많이 봤을 것이다. 지금도 시선만 돌리면 많이 볼 수 있으며, 앞으로 살아가면서 이런 불꽃들을 많이 마주칠 것이다. 은근한 열기를 유지하는 것이 더 어렵다. 자기 자신을 계속 타오르게 하는 방법을 연구해봐라. 엄마 스스로가 중심을 잡고 있으면 아이는 그 울타리 안에서 신나게 놀 것이다. 울타리를 쳐주는 것이 엄마의 몫이다.

　무엇인가를 오랫동안 실천하는 사람은 당장에는 박수를 못 받을 수 있다. 사람들의 무시나 조롱을 받을 수도 있다. 굳이 그런 고생을 왜 하냐고 타박을 들을 수도 있다. 그러나 결국에는 사람들이 그 근처에 모여들어 여전히 따스한 그 온기를 느끼고자 할 것이다. 다 꺼진 불들 사이에서 기어코 여러분을 찾아내 도움을 받고자 할 것이다. 과정에서 이미 뿌듯했고 결과로 증명이 되어 자존감도 절로 높아진다.

몇 년 앞서간 누군가가 내 눈앞에 아른거린다 해서 의기소침해질 필요도 없다. 나의 인생, 우리 아이의 인생은 남들과 철저하게 분리되어 있다. 분리되지 않아서 주위 사람들에 따라 흔들리면 내 마음이 문제다. 자꾸 관심이 바깥으로 쏠리면 내 무대에서 다른 사람이 신나게 공연하며 논다. 내 인생의 무대에 다른 사람을 세울 이유가 있는가? 내가 관심을 주고 시간을 주는 사람들이 내 무대에 넘어와 '북 치고 장구 치고'를 한다. 다른 사람이 꿈꾼 인생에 내 인생이 끌려다닐 수도 있다.

다른 사람을 보고 부러워하고 있다는 것이 바로 끌려다니고 있다는 것을 보여준다. 내가 부러움을 느끼는 만큼은 내 소중한 시간과 에너지라는 자원을 잃었다. 잘못하다가는 내가 내 인생에 조연으로 사는 수가 있다. 여러분의 인생의 주인공은 여러분이다. 여러분의 인생은 여러분 것이다.

지금 이 책을 읽고 있는 여러분은 엄마표 영어에 관심이 있는 분들일 것이다. 막 시작하려는 참일 수도 있다. 혹은 엄마표 영어를 하면서 이런저런 문제로 잠시 중단하고 있을 수도 있다. 혹은 엄마표 영어를 현재 진행하고 있는 상황에서 조금 더 도움을 받고자 나의 책을 골랐을 수도 있다. 엄마표 영어에 관심이 있는 '아빠'일 수도 있다. 대단하다. 아내는 분명 전생에 나라를 구하셨을 것이다. 혹시 결혼하기 전에 읽는 육아서로 이 책을 골랐다면 나는 진심으로 그런 독자분에게 존경을 표한다.

각자의 상황은 다 힘들다. 쉬운 인생을 사는 사람이 어디 있겠는가. 누구나 시간에 쫓기고 돈에 쪼들리고 할 일은 항상 많다. 그럼에도 불구하고 여러분은 귀한 시간을 쪼개어 이렇게 책을 읽으며 공부하고 있다. 이렇게 열심히 사는 여러분이 책을 읽고 난 후, 얻어가야 할 단 한 가지가 있다면 꾸준한 사람이 결국 보상을 받는다는 것이다. 꾸준히 하면 어떤 것이라도 높은 수준에 다다르게 된다.

내가 너무나 좋아하는 책, 『아주 작은 습관의 힘』에서 제임스 클리어는 이렇게 말했다.

"1%의 성장은 눈에 띄지 않는다. 가끔은 전혀 알아차리지 못할 때도 있다. 하지만 이는 무척이나 의미 있는 일이다. 특히 장기적인 관점에서는 더욱 그렇다. 지극히 작은 발전은 시간이 흐르면 믿지 못할 만큼 큰 차이로 나타날 수 있다. 수학적으로 생각해보자. 1년 동안 매일 1%씩 성장한다면 나중에는 처음 그 일을 했을 때보다 37배 더 나아져 있을 것이다. 반대로 1년 동안 매일 1%씩 퇴보한다면 그 능력은 거의 제로가 되어 있을 것이다. 처음에는 작은 성과나 후퇴였을지라도 나중에는 엄청난 성과나 후퇴로 나타난다."

작은 실천이 쌓이면 시간이 지날수록 엄청난 발전으로 나타난다. 1년 후에는 37배나 나아져 있을 것이다. 오늘 1%의 발전이 꾸준함과 만나면 눈덩이 같은 결과를 가져다준다. 아주 작은 발전을 무시하면 미래를 보지 못하는 것이다. 미래의 보상을 거부하는 것이다.

작은 실천을 하는 자신을 아주 격하게 칭찬해줘라. 우리 아이의 사소한 변화에 감격하라. 1년 후에는 37배나 발전해 있을 거니까. 천천히, 그러나 꾸준히 가는 엄마와 아이는 멋진 결과를 만들어낼 것이다.

우리가 우리 인생의 주인공이다. 우리 아이의 인생의 주인공도 아이 자신이다. 영어라는 원대한 목표를 이루기 위해 지금 당장 실천하고 노력하는 행동이 중요하다. 이런 태도는 결국 아이가 자신의 인생을 잘 살아가는 데 필요한 재료이자 엄청난 무기가 될 것이다. 그러니 꾸준히 하게 하자. 사소하더라도 계속하게 하자. 자신의 발전을 아이가 느낄 기회를 선물해줘라. 꾸준함이 이긴다. 오래 하는 사람이 무조건 이긴다.

03

먼 미래보다
지금 아이와
행복해지자

시간은 밤 9시가 가까워지고 있었다. 몸은 피곤해서 잠을 자고 싶었다. 해야 할 일은 많은데 몸이 하나인 것이 참 속상했다. 아이 셋을 데리고 책 하나 읽는 것이 이토록 어려울 줄이야. 한글책에 이어 영어책까지 진행하려니 참 어려웠다. 하루에 한 명만 제대로 책을 읽혀도 성공이었다. 아이들끼리 나이 차가 벌어지니 각자의 관심사와 수준도 너무 벌어졌다.

나는 일곱 살인 둘째 딸과 책을 읽고 이야기를 나누고 있었다. 나의 눈은 지쳐 있었고 허리는 구부러져 있었다. 사실은 즐겁지 않았다. 내 마음속 두 목소리가 싸우는 소리가 들렸다.

'이렇게까지 해야 해? 그냥 좀 쉬어. 애들도 그냥 두고. 너도 그냥 쉬어. 그만둬.'

'조금만 더 힘을 내자. 힘내서 책 읽어주자. 아이가 책을 통해 다양한 세계를 만날 거야. 상상력이 자랄 거야. 조금 더 노력해보자. 이따가 자고 나면 피곤함이 싹 가실 거야.'

이 두 마음의 소리를 가만히 듣고 있었다. 넋 놓는 시선 속에 갑자기 나의 일곱 살이 떠올랐다. 이유는 모르겠다. 아이 셋을 열심히 키우면서도 자책하는 것이 습관이 된 나에게 주신 하늘의 선물이었을까. 마음속에서 '나는 그때 무엇을 했지?'라는 질문과 함께 한 아이가 겹쳐졌다. 내가 만난 일곱 살인 어린아이인 나는 참 외로웠다. 홀로 많은 시간을 보냈다. 심심했다. 지루했다. 텔레비전을 보거나 혼자 놀고 있었을 것이다. 마음속으로는 간절하게 누군가를 기다렸다. 그리워하고 있었다. 갑작스럽게 일어난 엄마와의 이별에 어찌할지 몰라 정신이 나가 있었을 것이다.

나는 내 어린 시절에 비하면 우리 아이들을 정말로, 정말로 잘 키우고 있었다. 우리 아이들과 함께하는 이 시간이 결코 '무'로 돌아가지 않을 것이었다. 내가 어렸을 때와는 다르게 우리 아이들은 엄마와 함께할 수 있다.

아주 소소한 일상이지만 참 행복한 일상이다. 엄마를 잃어본 사람만이 아는 상실감. 없어지기 전에는 간절하게 바라지 않는, 소중하다는 것조차 알 수 없는 그런 시간이다. 너무나 익숙해서 알지 못하는 따뜻한 사랑이 존재하는 공간이다.

지금 나와 함께하는 둘째는 참 행복하다는 것을 알 수 있었다. 우리 아이들 모두 엄마와 함께해서 행복하다는 사실을 깨달았다. 우리 아이들은 나와는 다른 미래를 살 거라는 믿음이 생겼다. 내가 느낀 상실감과 슬픔이 아이들에게는 없을 거라는 사실에 감사했다. 그리고 나는 엄마로서 부족하다고 더는 자책할 필요가 없다는 것도 알게 되었다. 나는 아이들에게 엄마와의 추억을 선물하고 있었고 아이들은 거대한 사랑 안에 거하는 시간이었다.

인간은 살면서 많은 감정을 느낀다. 특히나 부정적인 감정이 사람의 생각과 몸에 미치는 영향은 강력하다. 감정의 변화만으로도 몸속의 호르몬을 바꾼다. 생각과 감정이 뇌의 화학작용을 일으킨다. 몸이 스트레스를 받게 되면 바로 당장 싸우거나 도망갈 수 있는 상태로 변한다. 심박수는 빨라지고 호흡은 가빠진다. 온몸의 근육은 경직된다. 팔과 다리에 많은 양의 혈액을 보낸다. 빨리 달리기 위해서다. 소화 기능은 당연히 떨어진다. 사지로 혈액이 이동했기 때문이다. 동공은 더욱 확장되어 주변 상황의 위험의 요소들을 파악하는 데 집중한다. 몸이 회복하는 기능도 잠시 멈춘다. 당장 위험요소를 제거하기 위해 온몸이 작동하는 것이다. '싸우거나 도망가거나!' (Fight-or-flight response: 투쟁 도피 반응)

이런 스트레스 상태가 만성이 되면 전반적인 몸의 기능이 떨어진다. 몸을 고치고 회복하지 못해서 그렇다. 현재 상황의 위험요소들과 싸우기 위해 초집중하는 상태이기 때문이다. 생존을 담당하는 변연계의 부위가 활성화된다. 미래를 예측하고 생산적인 계획을 수립하며 자아 성찰을 통해 감정을 조절하는 전두엽은 제대로 기능하지 못한다. 전홍진 교수는 우울증 연구에서 전두엽과 변연계의 기능에 대해 이렇게 밝혔다.

"전두엽은 이마 쪽에 위치해서 판단, 사고, 계획, 억제 등을 하는 고차원적인 뇌 기능을 하는 곳이고 변연계는 뇌 심부에 위치해서 인간의 기본적인 본능과 충동, 수면과 섭식, 기억을 관장하는 곳이다."

인간이 느끼는 공포, 슬픔, 분노, 불안감 등의 감정 중에 불안감이 인간에게 가장 큰 스트레스를 준다고 한다. 불안하면 공포도 극심해지고, 우울함도 배가 된다고 한다. 불안하면 감정 상태가 더 취약해진다. 그래서 감정을 잘 통제하고 불안감을 잘 다루면 우리는 조금 더 건설적이고 지혜로워질 수 있다.

갓 태어난 아기를 처음 품에 안아본 순간을 기억하는가? 생명의 위대함, 엄마가 되었다고 감격했는가? 벅차오르는 모성애에 감동의 눈물을 흘렸는가? 아이가 너무나 사랑스러워 출산의 고통도 잊었었는가?

나는 아니었다. 첫째 아이는 생각보다 무겁고 커서 놀랐다. 둘째는 머리가 너무 작아서 놀랐다. 셋째는 낳으면서 정말 너무 아파서 화가 났다. 나는 아이를 품에 안았을 때 두려운 감정이 먼저 들었다. 어색하고 낯설었다.

아이를 낳자마자 모성애가 싹트지 않는다. 낳은 정보다 기른 정이 무섭다고 하지 않는가. 다른 엄마들은 모르겠다. 나는 이 생명을 어떻게 키워야 하나 상당히 고민했다. 어서 몸을 회복해서 키워내야겠다는 책임감에 어깨가 무거웠다. 엄마의 불안감의 기저에는 잘못된 정보들도 많다. 엄마가 아이의 인생에 절대적인 영향을 끼칠 것 같아 불안하다. 무한한 사랑을 주지 못하면 아이를 망칠 것만 같다. 엄마 자신에 대한 확신이 없다. 자주 자기 자신을 부족하다고 생각한다. 엄마라는 자리가 부담스럽다. 그래서 아이를 키우는 것이 불안하다. 30년 경력의 정신의학과 윤우상 전문의는 저서『엄마 심리 수업』에서 이렇게 말했다.

"엄마 사랑으로 아이 사랑을 다 채우려고 하면 아이는 평생 엄마만의 사랑에서 벗어나지 못한다. 엄마와 아이만 지지고 볶으면 병적 사랑이 된다. 빈틈 사랑, 허술한 사랑, 불완전한 사랑이 건강한 엄마의 사랑이다. 엄마 사랑은 그 정도면 충분하다."

아이를 키우는 과정에서 엄마인 나는 아이와 함께 성장했다. 불완전한 나의 모습을 받아들이고 인정하게 되었다. 환상 속이 아닌 현실의 엄마가 되었고 그래서 더 여유로운 엄마가 되었다. 엄마인 나를 알아가고 자식을 이해하며 공존하게 되었다. 아름다운 과정이다.

첫째를 키울 때 불안했던 것이 둘째를 키우면서는 불안하지 않았다. 셋째는 이렇게 키워도 되나 싶을 정도로 전과 다른 엄마가 되어 있었다. 재우는 것, 먹이는 것, 보여주는 것도 폭이 상당히 넓어졌다.

게다가 나의 감정표출까지도 더 당당해졌다. '잠은 이만큼, 이렇게 재워야 해, 먹는 건 이렇게 먹여야 해, 아이의 감정을 다치게 해서는 안 돼, 무한한 사랑을 주어야 해.'라고 하는 허구성이 가득한 '모성애의 프레임'에 갇히지 않게 되었다.

엄마인 내가 아이를 사랑하고 아끼는 마음을 발견한 사람은 자유로울 수 있다. 엄마 자기 생각과 결정에 신뢰가 있는 사람은 그럴 수 있다. 노력하는 엄마라는 사실을 알기에 자기에게 응원을 보내고 격려해준다. 과정 중에 만나는 실패는 더 큰 발전을 가져올 것이기에 괜찮다. 자신의 실수에 너그러워진다. 엄마 스스로 다그치거나 몰아가지 않아서 아이들도 편안하다. 모두 불안하지 않다.

하늘이 나에게 주신 이 순간을 아직도 잊지 못한다. 여러분에게도 그런 순간이 찾아오기를 소망한다. 언젠가 여러분이 부족하다고 느껴진다면 내 이야기를 꼭 잊지 말고 용기를 갖길 바란다. 지금 여러분의 노력이 절대 사라지지 않을 것이라고. 포기하지 않고 계속 도전했던 여러분은 아이를 위해 최선을 다하고 있다고. 아이 영어에 계속해서 물을 주고 햇빛을 쏘여주고 있는 것이라고.

여러분이 아이를 위해 하는 것이 무엇이든 아름답다. 엄마이기에 아름답다. 열 달 동안 배에 아이를 안전하게 보호하고 있다가 세상에 생명을 탄생시켰다. 위대하다.

나는 아이가 태어났을 때 손가락 열 개, 발가락 열 개를 확인하고 나서 안도의 숨을 내쉬었다. 건강하게 태어났다는 사실 하나만으로 안심했다. 여러분도 그 순간을 경험했을 것이다. 산모인 나도 오직 건강을 회복하는 데 최선을 다했다. 다른 누구와도 비교하지 않았다. 우리 아이도 나도 그저 건강하기만을 바랐다.

우리가 걷는 엄마표 영어의 여정이 이렇게 아름답기를 바란다. 그리고 '심플'하기를 바란다. 잡음이 없기를 바란다. 내가 사랑하는 우리 아이의 영어를 도와준다는 그 목표 하나만 생각했으면 좋겠다. 어제보다 성장한 아이에게, 그리고 오늘도 실천한 엄마표 영어에 감사했으면 좋겠다.

21세기를 대표하는 영적 지도자, 에크하르트 톨레는 『이 순간의 나』에서 지금에 대해 이렇게 말했다.

"'지금'이 가장 소중한 이유는 무엇일까요? 우선, '지금'만이 유일하게 존재하는 시간이기 때문입니다. 그리고 '지금'이 존재하는 전부이기 때문입니다. 영원한 현재인 '지금'이 인생이 펼쳐지는 공간이고, 변함없는 하나의 실재입니다."

우리 아이들은 지금 건강하게 자라고 있다. 이렇게 아이를 위해 공부하는 엄마들이기에 여러분의 아이는 행복할 것이다. 지금의 선택이 아이의 영어에 큰 발전을 가져올 것이다.

지금의 이 선택이 멋진 미래를 창조할 것이다. 그러니 과정을 충분히

즐기자. 아이의 영어를 도와주고 목표를 이뤄가는 과정은 어렵지만 결국
은 이룰 수 있다. 그리고 실패와 성공의 수많은 반복 속에 계속 발전해나
간다. 먼 미래보다 우리 아이와 지금 행복해지자. 지금 아이 눈을 바라보
며 이 순간에 머무르자.

04

아이의
가능성을
활짝 열어두라

'결정적 시기(Critical period)'를 들어본 적이 있는가? 언어를 습득하는데는 특정 시기가 있다고 밝힌 약 50년 전의 이론이다. 이론상으로는 사춘기 시기인 약 11살 전후를 이 시기로 본다.

결정적 시기 이전에 언어를 습득하면 원어민과 같은 언어 능력이 가능하다고 보았다. 반대로 말하면 이 결정적 시기 이후에는 언어 습득이 어렵다는 이론이다. 현재는 이 이론에 설득력이 많이 없는 것으로 보고 있다. 언어의 여러 부분 중 발음에는 결정적 시기가 있다고 보는 것이 일반적이다.

20세기 중반 이후에 여러 학자는 결정적 시기에 대한 다른 의견들을 내놓았다. 어린이들이라고 언어를 쉽게 습득하는 것이 아니며 많은 시간을 통해서 얻은 결과라는 것이다. 성인은 아이보다 시간이 적으며 그로 인해 언어학습은 아이에게 유리할 수밖에 없다고 밝혔다. 어른이 되면 할 일이 영어 말고도 많은 것이 사실이다.

〈존 커라디의 언어습득법〉이라는 유튜브 채널을 운영하는 한 유튜버가 있다. 24살에 한국어 공부를 시작했고 5년이 지난 현재 아주 유창한 한국어를 구사한다. 언어에 특별한 재능이 있거나, 지능이 뛰어난 사람도 아니다. 평범한 미국인일 뿐이다. 이 유튜버는 자신이 한국어를 정복했던 과정을 본인의 채널에서 검증된 이론들을 바탕으로 잘 설명해주고 있다.

이 유튜버뿐만 아니라 성인이 된 후 언어를 공부해서 유창하게 구사하는 경우를 우리는 흔치 않게 볼 수 있다. 공영방송, 케이블 방송할 것 없이 한국어를 잘하는 외국인 패널들도 많이 나온다.

이 책을 쓰고 있는 나 또한 열여섯 살에 영어공부를 본격적으로 시작해서 유창하게 영어를 구사한다. 물론 평생 공부할 것이고 지금도 완벽한 영어를 하는 것은 아니라는 점은 알아두었으면 좋겠다.

다만 이 글을 읽는 여러분만큼은 결정적 시기라든가, 0~3세 뇌 결정론 같은 이론에 너무 많은 무게를 두지는 않았으면 좋겠다. 이론은 어떤 한 부분에 미치는 영향, 연관성을 밝혀내는 것이지 어떤 것도 진리는 아니고 예외가 없는 것도 아니기 때문이다.

0~3세 시기를 지난 아이에게 영어 노출이 너무 늦은 것 같다는 둥, 8세 아이 영어 시작 너무 늦지 않았냐 하는 이야기를 들으면 나는 너무 속이 상한다. 도대체 어디서부터 잘못됐으면 영어 시작이 벌써 늦었다고 생각해서 불안해하고 아쉬워한단 말인가. 아니, 영어가 그럴 정도로 가치가 있는 것일까? 우리 아이들의 무궁무진한 가능성보다 한 사람의 의견과 경험이 담긴 책 한 줄의 파워가 더 막강한가?

어떠한 시기를 지나면 영어 습득이 영영 불가능한 일인 것처럼 분위기를 조장해서 상품을 판매하는 방식은 상당한 문제가 있다. 그로 인해 사교육 업체들은 불안한 엄마들에게 수백만 원을 호가하는 영어 교재를 판매하기도 한다.

나는 그 상품이 주는 장점이 명확하고 구매자가 그것을 알고 구매를 하였다면 괜찮다고 생각한다. 하지만 잘못된 지식과 과대 마케팅으로 인해 부모들이 우리 아이에 대해 잘못된 신념을 갖게 되는 것은 너무나 큰 문제다.

성인이 되어서도 외국어를 잘 구사하는 사람들의 사례도 많이 알고 있다. 물론 나이가 들어서 영어를 하려면 큰 노력이 필요하다. 자신에게 맞는 방법을 찾아야 효과적인 언어 습득을 끌어낼 수 있을 것이다. 또한, 동기, 문화에 대한 태도, 흥미, 언어학습의 전략, 성향 등 다양한 요소들이 영향을 미치기 때문에 다면적인 노력도 필요하다. 성인은 아이처럼 가만히 듣고 시청만 하기보다는 실제적인 의사소통이나 성적 등이 필요하므로 목적도 아이들과 다르다고 볼 수 있다. 나이가 어리다는 것 때문에 언어 습득이 유리하다고만 볼 수 없다는 것이다. 영어를 간접적인 도구로 사용해야 하는 성인들의 현실이 아이들과 다를 뿐이다.

사교육 걱정 없는 세상 공동대표이자 상임 변호사인 홍민정 씨는 시사인 기사에서 이렇게 말했다.

"OECD는 2007년 '세 살 무렵 뇌에서 중요한 거의 모든 것이 결정된다'는 명제가 대표적인 교육적 '신화'이며 과학적 근거가 없다고 지적하고 있다. 여러 전문가도 목소리를 같이한다. 서유헌 가천의과대학 석좌교수는 과거에는 스무 살 정도까지 뇌가 발달한다고 했는데, 요즘은 스물다섯 살 정도까지 발달한다는 데이터가 나와 있으며 뇌 발달의 속도와

시기는 사람마다 다르다고 말한다. 김영훈 가톨릭대 의과대학 교수는 학습, 독서, 외국어 같은 것은 시기가 따로 없다며 처음으로 노출되는 시기보다 노출되는 시간의 길이가 더 중요하다고 언급한다. 모국어에 최소한 5,000시간 이상 노출된 후, 모국어로 만들어진 센스나 시냅스, 사고력을 가지고 외국어를 학습하는 게 효율적이라는 것이다. 또한, 인간의 뇌는 만 3세까지는 전체 뇌의 기본 골격과 회로를 만들기 때문에 오감을 통한 고른 자극이 필요하나 이 자극은 교재 · 교구 등이 아니라 부모의 스킨십이라는 것이 전문가들의 견해다."

인간의 뇌는 끊임없이 변화하고 성장한다. 불과 20년 전에만 해도 인간의 뇌는 고정되었다는 믿음이 일반적이었다. 하지만 최근 들어 과학 기술의 발달과 새로운 연구들로 인간의 뇌는 계속해서 변화한다는 사실이 연구로 입증되었다. 게다가 결정적 시기가 지난 후에도 경험에 따라 뇌 회로가 변화하는 사례가 보고되고 있다고 한다. 앞의 기사에서 소개된 내용과 마찬가지로 세 살 무렵 중요한 것이 결정된다는 것은 이제 사실이 아니며, 언어 결정적 시기도 경험에 따라서 충분히 극복될 수 있다는 것이 더 설득력이 있다.

뇌의 가능성이 얼마나 대단한지 보여주는 사례가 있다. 이 사람은 어머니의 배 속에서 오른쪽의 뇌가 손상된 채 태어났는데 그 결과 왼쪽 팔다리가 마비되었어야 한다. 그러나 이 사람은 약간의 마비 증상 말고는 정상적으로 활동할 수 있었다고 한다. 영남대 의대 장성호 교수는 이 사람의 뇌를 관찰하였고 놀라운 사실을 발견했다. 왼쪽 뇌에는 양쪽 팔다리로 가는 신경망이 존재했다고. 그래서 이 사람은 한쪽 뇌로 양쪽 팔다리를 움직일 수 있게 된 것이다.

인간이 얼마나 위대한 존재인지 알게 되었는가? 그리고 여러분의 뇌도 고정적이지 않다는 사실에 기뻐했으면 좋겠다. 엄마의 영어를 시작할 시기는 지금이 가장 적당하다. 여러분도 할 수 있다. 그리고 또 여러분의 아이는 얼마나 가능성이 무한한가. '사람은 잘 변하지 않는다.'라는 말 대신 이제는 '뇌의 가소성', '뇌의 가능성'을 지지하는 엄마들이 되었으면 좋겠다.

우리 아이들은 충분히 영어를 정복할 수 있다. 우리 아이들은 영어를 도구로 세상을 무대로 살아갈 것이다. 영어를 배우기에 너무나 좋은 시대에 태어났다. 넘쳐나는 자료들로 인해 꼭 외국에 가지 않아도 영어를 듣고 읽을 수 있으니 말이다. 우리 아이들의 능력에는 제한이 없으며 영어 배우기 가장 좋은 시대가 준비되어 있다.

여러분이 아이의 가능성을 열어둘 때 해결방법이 생긴다. 아이가 스스로 해낼 수 있다고 알려주고 경험하게 도와줘라. 엄마의 믿음이 그 뿌리이며 꾸준히 실천해갈 때 아이들은 자신의 가능성을 넓혀나갈 것이다.

여전히 우리 아이들은 놀기를 좋아한다. 책 읽기보다는 친구들과 나가 노는 것을 좋아한다. 책보다는 게임이 좋고 영어 영상보다는 웃긴 예능을 더 좋아한다. 나도 그렇다. 어쩌겠는가. 편하고 귀찮은 것, 변화를 싫어하는 것도 인간의 본성인 것을.

우리가 할 수 있는 것은 우리 아이가 영어의 세계를 맛보도록 도와주는 것이다. 나는 아이의 인생을 좌지우지하려고 엄마표 영어를 하는 것이 아니다. 우리 아이들에게 또 다른 세상이 있음을 보여주고 시야를 넓게 가지길 바라는 마음에서 엄마표 영어를 한다.

우리 아이가 여덟 살에 영어를 시작했을 때 늦었다고 생각했으면 진작에 포기했을지도 모른다. 과정에서 아이와 많은 전쟁을 치렀을지도 모르겠다. 나는 더 조급하고 걱정이 가득했을 것이고 못난 엄마 때문에 우리 아이는 영어에 대한 가능성을 스스로 닫았을지도 모른다.

우리가 아이들에게 해줄 수 있는 일은 간단하다. 아이의 가능성을 제한하지 않으면 된다. 아이가 할 수 있음을 진심으로 인정해주고 알고 있으면 된다. 엄마의 눈빛에서, 태도에서, 말투에서 우리 아이는 영어를 무리 없이 정복할 것이라는 믿음이 드러날 것이다.

그리고 엄마는 아이에게 더 큰 세계를 선물하기 위해 반복적으로 영어의 바다로 이끌어주면 된다. 오늘 한 번 더 아이를 설득하고 숙이면 된다. 화나는 순간도 있지만 인내하는 것도 부모의 역할이니까.

아이의 가능성을 완전히 열어둘 때 우리는 모든 에너지를 모을 수 있다. 아이에게 더 최선을 다하게 되고 부정적인 감정들을 잘 처리할 수 있다. 영어를 혹시 도중에 포기한다고 해도 아이를 믿어주었던 그 믿음만큼은 아이의 무의식에 뿌리내려 있을 것이다. 이런 믿음이 있는 한 엄마표 영어를 진행하는 과정에서 엄마도, 아이도 이미 보상을 받은 셈이다. 결과가 중요하지 않을 만큼, 아이를 강력하게 믿어주고 서로 손을 잡고 뚜벅뚜벅 걸어가기를 바란다. 아이의 가능성을 활짝 열어두면 충분히 행복한 여정이다.

05

불안한 엄마에게
책 한 권이 주는
위로

내가 본격적으로 책을 읽기 시작한 것은 만으로 서른 살이 되기 몇 달 전이었다. 둘째는 젖먹이인 6개월 아기였다. 새벽 수유로 피곤함에 찌든 몸을 이끌고 아이 둘을 돌보고 있었다. 심적으로는 '나는 누구인가?', '이곳은 어디인가?'를 되뇌던 때였고 체력도 좋지 않았다.

다른 엄마들처럼 출산 후 겪는 몸의 증상들이며, 육아하며 느끼는 단절감과 외로움은 나에게도 예외는 아니었다. 더군다나 아버지의 급작스러운 죽음을 여전히 받아들이지 못했을 때였다. 나를 돌봐줄 사람들보다 내가 돌보고 희생해야 하는 일들이 훨씬 많았다. 삶이 버거웠고 어디론가 사라지고 싶었다.

여느 때처럼 둘째를 유모차에 태우고 첫째와 함께 동네 산책을 하러 갔다. 걸어서 10분 거리에 있던 동네 도서관으로 향했다. 갑자기 코로나가 없었던 시절이 그리워진다. 불과 2년 전만 해도 자유롭게 아이들을 데리고 다닐 수 있었다. 예전에 당연하게 여겼던 시설들을 이제는 누릴 수가 없으니 참 안타깝다.

나와 우리 아이들이 간 도서관은 일반 구립 도서관보다는 훨씬 작은 규모였다. 그래서 아이들 도서와 어른 도서가 한 방 작은 공간에 정리되어 있었다. 도서관을 찾는 사람도 많지 않아 편하게 다니던 곳이었다. 둘째는 잠이 들었고 첫째는 책을 보고 있었다.

어른 서적 칸에서 『미라클 모닝』이라는 책이 눈에 띄었다. 내 인생의 전환이 시작된 운명적인 시간이었다. 바로 다음 날부터 책에서 소개하는 '6가지 루틴'을 실행하기 시작했다.

집에 있는 책부터 읽어나갔다. 사람의 인식에 관한 책이었다. 내가 샀는지, 남편이 샀는지 아직도 모르겠다. 책을 고르는 데는 시간을 들이지 않고 일단 시작했다. 눈에 띄는 제목, 읽고 싶은 책을 골랐다. 그래서인지 책 읽는 것이 전혀 지루하지 않았다.

둘째를 새벽 수유하고 나서 보통은 이른 아침에 조금 더 잠을 청하곤 했다. 하지만 미라클 모닝 루틴을 위해 달콤한 잠은 살짝 포기하고 새벽에 독서를 하고, 명상하는 것으로 하루를 시작하였다. 못하는 날도 있었지만, 완전히 포기한 적은 한 번도 없었다.

나는 아침 시간에 책을 통해 멋진 사람들을 많이 만났다. 삶을 대하는 태도도 배웠다. 건설적인 생각을 엿보았다. 특히나 심리적인 안정을 많이 얻었다. 힘들었던 현실에서 희망을 찾을 수 있었다. 생각을 바꾸는 책들을 많이 읽었다. 감사하는 태도와 긍정적인 마음가짐을 많이 배웠다.

나는 육아로 세상과 단절되었던 그 시절을 책과 자기계발로 견뎌냈다고 해도 과언이 아니다. 가고 싶은 곳, 만나고 싶은 사람, 먹고 싶은 것, 쉬고 싶을 때 휴식을 취하는 것 등을 충족할 수가 없으니 참 힘든 과정이다. 육아는 장난이 아니다. 정말 힘들다. 그런 인고의 시간에서 나는 한 줄기의 빛을 만났고 그것이 바로 독서였다.

그때의 작은 습관이 발전을 거듭해 나는 지금 책을 쓰는 작가가 되었다. 내 인생에 변화는 독서로 시작되었다. 꾸준히 지속하는 습관도 덤으로 얻었다. 자신감도 얻었다. 포기하고 못 하는 것들도 많았지만 독서는 성공했다. 여러분의 인생도 돌아보면 실패도 분명히 했지만 성공한 경험도 분명히 있을 것이다. 만약 여러분이 무언가에 실패했다면 지혜만 뽑아내고 얼른 쓰레기통에 버려라. 잘한 것에 집중해라. 작은 성취도 좋다. 자부심과 자신감을 가질 수 있는 것이라면 무엇이든 좋다. 그때 책에서 읽은 수많은 좋은 생각들은 나를 더욱 강하게 만들어주었다. 그리고 뜻을 품으면 이루어진다더니 훌륭한 코치님을 만나 이렇게 책을 출판할 수 있게 되었다.

그리고 나의 엄마표 영어의 시작도 당연히 책이었다. 여러 작가님의 엄마표 영어 인생을 한 권의 책으로 만날 수 있으니 안 볼 이유가 없다. 얼마나 감사한지 모른다. 많은 엄마표 영어 저자님들의 경험과 방법, 노하우, 시행착오를 읽으며 나만의 엄마표 영어가 정립되었다.

여러분은 지금 왜 책을 읽는가? 왜 이 책을 골랐는가? 그리고 왜 여러분은 귀한 시간을 쪼개서 나의 이야기에 집중하며 읽고 있는가? 나와의 대화에서 얻고 싶은 것은 무엇인가? 그리고 여러분이 실천할 수 있는 것은 무엇일까? 이전에는 몰랐고 지금 알게 된 것이 있다면 무엇인가? 오늘 혹은 내일 여러분이 아이에게 해줄 수 있는 것은 무엇인가? 지금 이 책을 읽고 배운 것은 있다면 무엇인가? 또 나의 책을 읽고 나서 다르게 생각하는 점이 있다면 무엇인가? 나의 이야기에서 오류를 찾았다면 무엇인가?

이 모든 질문은 여러분의 삶을 풍요롭게 바꿀 것이다. 내 책에서 얻을 것은 얻되, 비판적인 태도로 읽어라. 나의 이야기를 무분별하게 흡수하지 마라. 읽는 것으로 끝내지 말고 나를 만나보고 질문해봐라. 나를 관찰하고 대화하고 소통해라. 나의 의도가 무엇인지 질문해보라. 그리고 여러분의 인생을 좀 더 값지게 만들만한 무엇인가를 계속 배워가고 찾아내라. 그리고 여러분의 인생에서 바로 실천해나가라.

단순하게 책을 읽는 것으로는 인생의 극적인 변화는 일어나지 않는다. 어떤 변화를 원한다면 적극적이고 열의가 있는 태도가 필요하다. 그것이 결국 여러분의 변화를 이끄는 행동을 시작하게 해줄 것이다. 나는 그런 열의 있는 사람들이 좋다. 그런 사람들과 있으면 힘이 난다.

책 한 권이 여러분의 인생에 위로가 된다는 말을 여러분은 믿는가? 나는 실제로 체험했고 믿는다. 이를 입증하는 연구들도 있다. 영국 서섹스 대학교 인지신경심리학과 데이비드 루이스 박사는 독서, 산책, 음악, 게임이 스트레스 해소에 미치는 영향을 측정했다. 단 6분 만의 독서로 심박수, 근육 긴장도, 스트레스가 감소했다. 독서는 가장 높은 수치인 68%나

스트레스를 감소시켰고, 음악 감상은 61%, 산책은 42% 순이었다. 게임은 21%로 가장 낮았고 오히려 심박수를 높였다.

음악 감상이나 산책은 우리가 흔히 아는 스트레스 해소 방법이다. 하지만 독서가 우리의 심리적 안정에 미치는 영향에 대해서는 다소 간과하고 있는 것 같다. 더군다나 독서를 규칙적으로 하는 사람의 뇌의 활동성은 그렇지 않은 같은 연령대의 사람보다 48%나 빠르다고 한다. 『똑똑해지는 뇌 과학 독서법』에서 김호진 박사는 독서와 뇌의 관계에 대해 이렇게 설명했다

"특히 독서를 할 때 앞이마 쪽에 위치한 전전두엽 부분에서 활동이 많아지는 것을 볼 수 있었다. 이것은 독서가 상상력과 관계있음을 말해준다. 가끔 재미있는 책을 읽을 때 자신도 모르게 이야기 속 상상의 세계로 빠져든 경험이 있을 것이다. 상상력은 뇌의 고등정신을 담당하는 전두엽에서 나온다. 책을 읽는 것은 전두엽이 많이 사용되고 있다는 것을 의미한다. 그래서 책을 많이 읽으면 전두엽이 발달하여 우수한 뇌로 변하는 것이다. (중략) 결국 독서는 게임이나 영상자료에 비하면 상상하고 연상하는 기능을 많이 하게 되고, 뇌 전체에 걸쳐 많은 양의 혈액을 활발하게 공급하게 된다. 독서로 뇌를 자극하여 활성화가 자주 일어나게 만들면, 시냅스 연결망도 재편성되어 뇌는 점점 발달하게 된다. 시냅스 연결

의 재구조화는 바로 두뇌 발달을 의미한다. 자신의 뇌를 좋은 뇌로 성장시키고 싶다면 매일 책 읽기를 실천하는 것이 중요하다."

뇌는 단순히 해결법을 얻거나 상상력을 얻는 것으로 끝나지 않는다. 뇌가 성장한다. 뇌가 더 똑똑해진다. 여러분의 시냅스의 연결망이 재편성되어 새로운 생각이 떠오른다. 더 발전적인 생각을 할 수 있다. 혈액의 활발하게 뇌 전체에 공급되어 적절한 판단을 할 수 있다. 그래서 여러분의 인생에 도움이 되는 올바른 선택을 할 것이다. 자연스럽게 여러분의 삶은 더 나아진다.

뇌가 성장하면 문제를 해결하는 해결력도 높아진다. 여러분이 꺼내쓸 수 있는 선택지가 많아지니 해결할 수 있는 확률도 당연히 높아진다. 만약 여러분이 삶의 위로가 필요할 때 책을 꺼내 들었다면 아주 현명한 선택을 한 것이다.

여러분이 읽은 책 한 권이 여러분의 인생에 변화가 시작되었다면 나에게도 들려줘라. 내가 운영하는 네이버 카페 〈김효원엄마표영어연구소〉에 와서 여러분의 이야기를 들려줘라. 그리고 그런 소통으로 우리의 삶은 더욱 확장될 것이다. 혼자라는 느낌이 아니라 함께한다는 유대감으로 하루하루를 살 힘을 얻을 수 있다.

고민을 혼자 끌어안고 있으면 안 된다. 자신을 드러내는 것을 부끄러워하지 않았으면 좋겠다. 꺼내놓는 것은 사실 엄청난 용기가 필요하다. 그러나 그 용기 덕분에 여러분은 분명히 해답을 얻을 것이고 더 나은 삶을 살게 될 것이다.

중요한 건
다시 시작하는
꾸준함이다

셋째는 배 속에서 점점 커지고 있는데 우리 둘째 딸내미는 내 배 위에서 자는 습관을 아직 버리지 못했다. 숨이 막혔지만 둘째가 배 위에서 자는 것을 나도 좋아해서 꾹 참았다. 셋째가 배속에서 더 커지면서 내가 바로 누워 있는 것조차 힘들었다. 그래서 어차피 둘째는 배 위에 올라오지를 못했다.

대신 둘째를 옆에 꼭 끼고 함께 자며 열렬히도 사랑해주었다. 셋째를 출산하기 한 달 전부터는 둘째를 원에 보냈다. 어린이집에 적응하는 한 달을 거치면 셋째를 맞을 준비가 완벽히 이뤄질 것이었다.

막둥이가 태어나기 하루 전날에 나는 큰 아이 생일파티를 준비하느라 바빴다. 배는 무겁고 걸음은 느렸지만 생일파티 준비로 분주했다. 첫째 아이가 친구들과 즐거운 생일파티를 했으면 싶었다.

셋째가 태어나면 많은 시간 셋째에게 쏟아야 함이 불 보듯 뻔했다. 우리 첫째도 자연히 엄마와의 시간이 줄어들 것이기 때문에 미리 사랑을 듬뿍 주고 싶었다. 놀이터에서 유치원 친구들과 모여 음식을 먹고 생일 축하 노래도 불렀다. 아이들은 오후 내내 신나게 놀았다. 엄마들도 수다를 떨며 즐겁게 보냈다.

그날은 배가 무겁다는 생각도 못 하고 바쁘게 보냈다. 그리고 바로 그날 밤에 출산 진통이 시작되었다. 자정이 좀 넘어 셋째를 출산했다. 쉬지 않고 돌아다닌 덕분에 순산했는지도 모르겠다.

코로나 전까지 아이 셋을 데리고 도서관에 다니며 책 육아를 했다. 양손에 책을 수십 권 챙겨 집으로 돌아갈 때면 참 든든했다.

아이를 키우는 일은 정말 숭고한 작업이지만 다시는 못 할 일 같다. 지난 10년 동안 나의 수면시간은 정상을 회복하지 못했다. 그리고 셋째가 태어나면서 시간은 더 부족해졌다. 내가 첫째를 출산했던 스물일곱 살

당시의 팔팔한 몸도 이제는 아니었다.

그런데 좀 정신이 이상했나 보다. 아니면 현실이 그제야 파악이 되었
는지도. 엄마라는 인생이 앞으로 바뀔 일은 없으며, 그 이야기는 나의 시
간은 줄어들면 줄어들지 늘어날 일은 없다는 깊은 깨달음. 여유로운 삶
은 앞으로도 없을 것이라는 생각이 번뜩 들었다.

그래서 엄마표 영어와 나의 영어공부를 본격적으로 시작했다. 밤에 혼
자 수유하는 시간에 차라리 영어를 보고 듣기로 했다. 적어도 하루에 3시
간은 영어를 들을 수 있겠거니 생각하고 그렇게 했다. 무모했지만 즐거
웠다. 정체된 느낌이 들지 않아 좋았다. 모유 수유하는 동안에는 어차피
깨어 있어야 하니 정면으로 맞서기로 했다. 잠은 줄었지만, 활력은 더 돌
았다.

셋째가 태어난 후 3개월부터는 두 딸에게 영어를 영상으로 노출해주기
시작했다. 2018년 7월 말이었다. 엄마표 영어 관련 서적에서 보았던 〈페
파 피그〉와 〈맥스 앤 루비〉부터 시작했다. 영상 노출에 대한 두려움을
벗어던지지 못했을 때라 '인증'받았다고 생각한 추천 영상들만 노출했다.
그리고 넷플릭스에 있는 영상과 유튜브에서 찾은 다른 영상들을 혼합해
서 보여주었다.

아이들은 즐겁게 영어 영상을 시청했다. 첫째는 여덟 살이 넘어서 그런지 책에서 추천받은 영상들이 재미가 없다며 힘든 기색을 보이기도 했다. 반대로 둘째는 그저 만화 보는 것을 즐거워했다. 첫째를 위해 넷플릭스를 시작했고 최신 만화를 찾아 보여주었다. 첫째가 나중에 고백하기로는 처음에는 아무것도 알아듣지 못했다고 한다. 1년 정도 지났을 때 아이들 실력이 굉장히 점프해 있었다는 것을 우리 가족 모두 확인할 수 있었다.

아이들이 영상을 보는 시간에는 내가 다른 일을 할 수 있어서 참 좋았다. 다른 엄마들은 영어 영상 시청할 때 옆에 있어주라고 하지만 나는 그럴 상황이 아니었다. 마음은 조금 불편했지만 어쩔 수가 없었다.

내가 딸만 둘이 있었을 때, 책 육아를 할 당시에도 포기하고 싶은 순간이 여러 번 있었다. 도서관에서 책을 싸다 나를 때 몸이 너무 힘들었다. 앵무새처럼 책을 줄줄 읽어줄 때도 목이 너무 아팠다. 집안은 난장판인데 치워줄 사람이 없을 때도 참 절망스러웠다. 아이를 잘 키워내는 일은 적절한 선이 없었고 내가 정하는 것이었기에 더 어려웠다.

더군다나 육아라는 것은 수치로 볼 수 있는 것이 없었기에 더 막막했다. 나를 다독거리고 피드백을 주고 앞으로 나아갈 수 있게 끌어주는 존재도 나뻤었다. 혼자서 미지의 세계를 향해 뚜벅뚜벅 걸어가는 길이 외롭기도 했다. 그래서 나는 엄마였기에 더 강해질 수밖에 없었는지도 모르겠다.

아이가 셋이 되면서 엄마표 영어를 하는 일도 역시나 힘들었다. 아이 둘과 비교했을 때와는 상상도 못 하게 어려웠다. 내 인생이 이렇게 통제가 안 된다는 느낌을 처음 받아봤다. 요리를 편하게 할 수가 없었다. 셋째 아들은 끊임없이 움직이고 집 안 곳곳을 탐험했다. 식탁 위, 카운터 위가 항상 자기 자리였다. 위험한 행동을 하기 일쑤였다. 아들을 키워보지 않았으면 몰랐을 것이다. 아들, 그 위대한 존재감을. 나의 인생을 누군가가 통째로 흔든다는 느낌을 여전히 못 느껴봤을 것이다.

자기 자신의 인생에 대한 통제력을 잃었다는 느낌은 굉장한 우울감을 동반한다고 한다. 내 삶이 딱 그랬다. 내 손에 모래들이 우수수 빠져나가는 기분이었다. 하고 싶은 것은 많은데 진흙탕에 발이 푹푹 빠져서 걸어가는 느낌이었다. 그래도 어쩌겠는가. 내가 낳은 새끼들이었다. 내 인생이었다. 내가 사랑하고 또 사랑하는 내 아이들이었다.

'왜 아이들에게 책을 읽혀야 하는가? 왜 꼭 영어로 영상을 봐야 하는가?' 이것에 관한 질문을 나 자신에게 많이 물어보았다. 내가 확신이 있으면 주위에서 뭐라고 한들 계속할 수 있다. 그리고 주위 환경에 영향을 받지 않을 수 있다. 무엇보다도 내가 확신하기 위해 계속 공부하고 또 공부했다. 나의 경험과 사람들의 경험을 살펴보았다. 아는 것이 점점 나에게 힘이 될 것이기에.

우리 아이들에게 영어 영상은 이제 완전히 일상으로 자리 잡았다. 무려 1년 반이 걸렸다. 그리고 영어를 말할 수 있는 아이도 나오고 있다. 첫째는 요새 영어로 간단한 글을 쓰기도 하고 가끔이지만, 혼자서 영어책을 몰입해서 읽기도 한다. 화상 영어에서 원어민 선생님의 이야기를 알아듣고 가벼운 소통을 할 수 있는 영어 머리가 생겼다.

둘째와 셋째에게는 한글책을 읽히기에 집중하고 있다. 영어는 자연스럽게 들려주고 보여주며 노는 수준이다. 영어 영상을 보고 알아듣기도 제법 해서 걱정이 없다. 시간이 문제지 지금 당장 결과물은 별로 신경을 쓰지 않는다.

누군가가 지난 2년 동안 내가 아주 성실하게 엄마표 영어를 했냐고 묻는다면 당연히 답은 'No!'다. 출산 전에 시작한 영어책 읽기는 출산하고 몇 달간은 하지 못했고 아이들이 돌아가며 아플 때도 할 수 없었다. 내가 아프거나 바쁠 때도 진행하지 못했고, 우리 아이들은 휴일이며, 명절이며 꼭꼭 챙겨 푹 쉬고 놀았다.

아이 셋의 상태는 여전히 맞춰지지 않아 잠자리 책 읽기 시간이 정신
이 없다. 셋째 아들은 관심받으려고 괜히 옆에서 조잘조잘 떠들고 책을
빼앗기도 한다. 누나들에게 짓궂은 장난을 걸기도 한다. 그 사이 첫째는
벌써 밖에 나가 피아노를 치거나 물구나무를 서고 있다. 둘째는 기분의
높낮이가 아주 다채로워서 말 한마디 잘못하면 삐지기 일쑤이다. 그날은
책 읽기고 뭐고 다 끝났다. 예전에도 힘들었는데 지금도 힘들다. 앞으로
도 힘들 것 같다.

전업주부인 엄마라면 일상이 단조로워서, 삶의 반경이 좁아서 힘들 수
있다. 나도 일을 시작하기 전까지 7년 넘게 주부로 지냈다. 워킹맘이라
면 퇴근 후 지친 몸으로 집안일 하기 바쁠 것이다. 그리고 아이와 있는
시간이 짧다 보니 또 무엇을 시작하기도 녹록지 않을 것이다. 아이가 하
나라면 온전히 엄마만을 의지해서 지칠 수 있다. 아이가 많으면 의견이
너무 다양해서 어려울 수 있다.

엄마의 상황은 다 이렇게 힘들다. 힘들지 않은 사람이 없고 상처 없는
사람도 없다. 여유로운 시간이라는 것은 앞으로도 없을 것 같다. 하지만
이런 모든 역경을 넘을 힘도 여러분 안에 있다. 당신은 엄마이기 이전에

도 강했고 지금은 더 강해졌다. 아이가 신생아 때에는 여러분들은 거의 잠을 자지 않고도 한 생명을 건강하게 키워냈다. 식사를 제때 못 챙겨 먹으면서도 신기하게 허리둘레는 줄지 않는 기적적인 일을 만들어냈다. 아이가 아플 때는 밤새 뜬 눈으로 아이를 돌보며 인간승리를 이뤄냈다.

자기주장을 잘하지 못하는 엄마들도 자기 아이를 위해서라면 의견을 제시하고 목소리를 낼 줄 안다. 손은 누구보다 빨라져서 그 짧은 아침 시간에 아이들 아침 먹이고 청소하고 등원준비를 마친다. 시간 맞춰 차를 태워 보낼 때 그 성취감은 이루 다 말할 수가 없다. 엄마들은 아이를 키우면서 인생의 많은 부분이 단련되고 발전했다. 그래서 엄마들은 정말 강하다.

엄마표 영어도 할 수 있다. 분명히 이뤄낼 수 있다. 꾸준히 하면 된다. 포기만 하지 않으면 된다. 잠깐 쉬었다가 다시 시작하면 된다. 문제에 대한 해답을 찾아 가정으로 돌아가면 된다. 그리고 다시 우리 아이에게 맞는 방법을 적용해보면 된다. 할 수 있다는 마음가짐으로 도전하면 방법은 과정 중에 다 찾아진다.

어느 순간이 되면 엄마표 영어가 점점 아이표 영어가 되는 날이 올 것이다. 엄마표 영어에 함께 하던 엄마가 아이의 영어를 관리해주는 역할로 변모할 것이다. 결국은 아이 스스로 홀로 서야 한다. 아이가 영어가 편해지고, 스스로 영어를 공부하는 방법을 찾아내고, 영어의 바닷속에 완전히 흐름을 타고 다닐 때까지 함께 있어주면 된다.

어떤 일이든 성취하기 위해서는 포기만 하지 않으면 된다. 다시 시작하면 된다. 과정에서 겪는 문제들은 실패가 아니다. 해답을 찾기 전, 발전하기 전에 만나는 낮은 언덕일 뿐이다. 언덕을 넘기 전에 잠시 쉬어도 좋다. 숨을 고르는 것도 좋다. 하지만 뒤돌아 가지는 마라. 시간이 걸릴 뿐이지 결국에는 다 넘을 수 있는 언덕이니까. 중요한 건 다시 시작하는 꾸준함이다. 다시 시작하면 된다.

07

영어의 바다를 본
아이들은
다르다

아빠는 택시 운전으로 몸과 마음이 많이 상하셨다. 내가 어릴 때는 여러 가지 사업에 실패하셨다. 아빠도 가게 사장님 소리를 들을 때가 있었다. 회사에 취직해서 안정적으로 일을 하다가 몇 년이 지나 정리해고를 당하시기도 했다. 그리고 아빠는 택시 일을 시작하셨다. 아빠는 사실 택시 일을 당장이라도 그만두고 싶어 하셨다. 그러나 결국은 그렇게 하시지 못했다. 돌아가시던 날에도 아빠는 새벽 택시 운행을 마치고 집에 오셨다.

아빠는 돌아가시기 1년 전에 술 한잔을 하시고 나에게 이런 이야기를 꺼내셨다.

"사람이 얼마나 웃긴지 모르겠다. 환경이 바뀌면 사람이 정말 그걸 따라간다. 효원아. 환경이 이렇게 무서운지 몰랐다. 아빠가 처음에 이 일을 시작할 때는 몰랐어. 아빠가 이렇게 변할지 몰랐다."

아빠는 택시 일을 시작하고 나서 자신이 변했다고 하셨다. 환경이 어떻든 해낼 수 있다고 생각하시던 아빠였다. 누가 뭐라고 해도 자신감 있게 사시던 아빠였다. 그런 아빠가 인생에 대한 한탄이 많아지기 시작하셨다. 곁에서 보기에도 아빠는 행복해 보이지 않았다. 화가 점점 많아지셨다. 택시 일을 하는 다른 사람들과 지내면서 갈등을 겪기도 했다. 성실하고 열심히 일하는 사람들도 있는 반면에 기본이 안 된 사람들도 많다고 했다. 택시 일을 하면서는 돈을 안 내고 도망가는 사람들도 여럿 만나셨다. 한 번은 이런 일이 있었다. 남자 대학생 셋이 돈을 안 내고 도망가려고 했단다. 아빠가 오래 일을 하시다 보니 감이 있으셨던 건지 아니면 워낙 그 친구들이 초짜였던 건지 모르겠다. 어쨌든 아빠가 보기에 젊은 친구들이 내리려는 모양새가 이상했단다.

아빠는 도착지에서 돈을 받으려고 기다리셨다. 아빠는 혹시 모를 상황에 안전띠를 미리 풀어놓고 나갈 준비를 하셨다. 아빠의 예상대로 젊은 학생들은 갑자기 우르로 내려 도망치기 시작했다고. 아빠는 재빠르게 내려 한 놈을 따라잡았고 마구 패셨다고 했다.

나는 이 이야기를 들으면서 웃지도, 울지도 못했다. 마음속에 화가 가득 있어 보이는 아빠를 마주하는 것이 힘들었다. 좀 더 멋진 해결방법이 있을 것 같았다. 나는 아빠가 이해되면서도 한편으로는 아빠가 부끄러웠다. 내가 알던 아빠 모습이 없어져가는 게 슬펐다.

그때 아빠의 절망감을 공감해주는 한 사람이 있었다면, 바른 길로 이끌어줄 수 있는 사람이 있었다면 어땠을까. 마음속에 더 큰 꿈을 심어주고 꿈을 이룰 수 있게 도와주는 사람이 한 명이라도 있었다면 어땠을까.

아빠의 곁에는 현실을 한탄하고 불평하는 사람들이 있었다. 아빠도 그런 사람 중의 한 명이었다. 평생을 성실하고 도덕적으로 살았지만 큰 변화는 일어나지 않았다. 오히려 점점 더 안 좋아졌다.

나는 그래서 열심히 일하면 성공한다는 말을 믿지 않는다. 열심히 하는 것은 기본이다. 성실은 기본이다. 법을 지키는 것은 기본이다. 그 이상의 무엇인가가 있어야 한다. 그러려면 나보다 잘난 사람들을 만나서 배워야 한다. 나보다 경험을 많이 한 사람들의 이야기를 듣고 배워야 한다. 그래야 그 사람들이 이룬 것을 나도 이룰 수 있다.

의사 부모가 있는 아이가 의사가 되는 것은 단순히 돈의 문제가 아니다. 친구를 가려 사귀라는 옛말은 괜한 말이 아니다. 사람과 사람 사이에 주고받는 에너지는 아주 크다. 여러분은 여러분과 만나는 사람들에게 큰 영향을 받고 있다. 부정적인 사람, 불평하는 사람, 과거에 매여 있는 사람을 피해라.

여러분이 만나는 사람들이 본인과 비슷한 삶을 살고 있는가? 앞으로 내 삶이 발전할 가능성은 크지 않다. 여러분이 만나는 사람 중에 내가 닮고 싶은 사람이 얼마나 되는가? 배우고 싶은 인생을 사는 사람이 몇 명인가? 여러분이 원하는 것을 이루도록 도와줄 수 있는 사람이 있는가? 그렇다면 단 5분이라도 만나 조언을 구해라. 생각하는 방식을 배우고 행동을 모방해라. 그러면 내가 원하는 삶을 살 가능성이 커진다. 빠르게 변화할 수 있다.

사람은 환경을 뛰어넘지 못한다. 변화를 원한다면 환경을 바꿔야 한다. 내가 보고, 듣고, 읽고, 만나는 사람들을 바꿔야 한다. 이전과는 다른 생각을 해야 다른 선택을 할 수 있다. 다른 선택이 이어지면 다른 삶이 만들어진다. 전과 다른 선택으로 이전과 다른 결과를 만들어낼 수 있다.

우리 아이들의 엄마표 영어 시작은 단순했다. 하지만 그 시작까지는 6개월이나 걸렸다. 나에게 자세하게 알려주는 사람도 없었다. 엄마표 영어를 시작하고 나서도 잠을 줄여 인터넷의 바다에서 직접 헤엄치며 공부했다. 그리고 필요한 자료들을 모았다. 지금까지도 나는 엄마표 영어 관련 책을 사서 읽는다.

평범한 엄마가 이런 노력을 얼마나 오래 할 수 있을까? 내가 영어를 잘 모르는 사람이었다면 그 시간을 견딜 수 있었을까 싶다. 그러나 엄마가 노력하든 노력하지 않든, 그 사이에 아이들은 계속 자란다. 엄마표 영어를 할 수 있는 시간이 흘러간다.

아이가 영어를 정복하길 바란다면 영어의 환경을 만들어줘라. 그리고 엄마가 엄마표 영어를 제대로 하고 싶다면 나에게 와서 엄마표 영어를 배워가라. 전문가에게 조언을 구해라. 고수에게 배우면 잠을 줄이지 않아도 된다. 여러분의 시간을 번다. 그 시간에 아이들과 산책을 하고 남편과 오붓한 저녁 식사를 해라.

나는 영어를 공부하고 자존감이 높아졌다. 다양한 자료를 영어로 듣다 보니 배움에 눈이 떠졌다. 다른 사람 신경 쓰지 않는 여유로운 마인드를 배웠다. 나는 우리 아이들이 다양한 문화와 언어를 체험하며 균형이 있는 어른으로 자라기를 바란다. 인생에 어떤 한 가지 답이 있지 않음을 알기를 바란다. 자신이 강렬하게 원하는 미래를 만들어가길 소망한다. 성실, 정직, 청렴 등의 가치는 확고하되, 열려 있는 사고를 지닌 사람으로 살아가길 바란다. 그래서 어느 환경에서도 적응하고 살 길을 찾아내는 사람들이 되길 바란다.

우리 아이들은 엄마표 영어를 하며 세계 사람들의 다양한 삶의 모습을 접한다. 인생의 다양한 선택지가 있음을 배운다. 얼굴색이 다르고 생김새가 다른 사람들을 자연스럽게 알고 있다. 세계 사람들이 쓰는 말이 다르다는 것을 당연하게 생각한다.

36개월이 되는 막둥이 아들은 한국말도 아직 어설픈데도 영어가 뭔지 정확하게 알고 있다. 밤마다 나는 두 딸을 양쪽에 끼고 문학적으로 인정받은 책들을 영어로 읽는다. 최고의 그림쟁이들에게 주는 상을 받은 작가들의 예술작품도 집에서 편히 감상한다.

우리는 보고 듣고 읽는 것을 통해 아주 큰 영향을 받고 있다. 삶의 다양한 모습을 접하면 접할수록 아이들은 자신들의 무기가 하나씩 더 생기는 셈이다. 조합할 수 있는 것들이 많아지니 창의력을 발휘하기 유리하다.

그래서 나는 우리 아이들에게 영어를 보여주고 들려주고 읽어준다. 영어가 편해지고 다양한 문화를 배워 세상에서 원하는 꿈을 이뤄가며 살도록 말이다. 지금 같은 시대에 엄마표 영어를 안 하면 정말 손해다. 기회가 손에 왔는데 그냥 바닥에 버리는 꼴이다.

엄마표 영어 하기 너무 좋은 시대, 꼭 엄마표 영어를 해라. 그리고 꼭 나처럼 엄마표 영어 해라. 아이가 시험은 못 볼지언정 커서도 영어로 된 정보를 듣고 읽으며 발전하는 삶을 살 것이다. 오늘부터 우리 함께 영어의 바다에 뛰어들자.

참고문헌

■ 해외논문

「How Permanent Was Vietnam Drug Addiction?」, AJPH
Supplement, Vol. 64, December, 1974

「Humans store about 1.5 megabytes of information during
language acquisition」, 〈The Royal Society Open Science〉,
2019.03.27.

■ 국내논문

「유아의 "진짜" 놀이 경험에 대한 의미 탐구」, 김미소, 서영숙, 유아교
육연구 2018, vol.38, no.3, pp. 349-368, 2018.

「결정적 시기 가설에 대한 재조명」, 박모래알, 국민대학교, 2004

「제2언어습득에 대한 신경언어학적 고찰」, 이성은, 서울대학교, 2012.09.30.

■ 해외사이트

"Historical trends in the usage statistics of content languages for websites", ⟨Web Technology Surveys⟩, 2021.04.01.

"Study: Feeling In Control Prolongs Life", ⟨The Atlantic⟩, 2014.02.07.

"6 Ways Positive Thinking Can Increase Productivity", ⟨Daylite⟩, 2016.04.25.

"Critical Period In Brain Development and Childhood Learning", ⟨Parenting for Brain⟩, 2021.01.15.

"Four compelling reasons to shut off your screen and open a good book", ⟨Reading Partners⟩, 2016.08.18.

"Reading reduces stress levels", ⟨Kumon Europe & Africa Limited⟩, 2012.08.

"The Pygmalion Effect", 〈Duquesne University〉

"Pygmalion effect", 〈Wikipedia〉, 2021.03.04.

■ 국내기사

"'중독'에 대한 정보는 100% 거짓말", 〈한겨레〉, 2015.08.31.

"헤로인 중독이 알려주는 습관과 환경의 관계", 〈News Peppermint〉, 2015.01.07.

"육아: '영상시청, 유아 발달 저해한다'는 연구결과 나와", 〈BBC NEWS〉, 2019.01.31.

"긍정적 분위기, 창조적 문제해결 능력 높여", 〈The Science Times〉, 2014.03.21.

"당신을 웃게 하는 6가지 '행복의 열쇠'", 〈시사저널〉, 2006.10.09.

"'즐거운 순간'은 있어도 '결정적 시기'는 없다", 〈시사IN〉, 2020.09.09.

"나이 들면 머리 굳는다? 아니, 뇌는 변화한다 – 가소성", 〈사이언스온〉, 2016.08.22.

"우울증환자 자살 급증 속 원인 규명 단초 발견", 〈Dailymedi〉, 2016.06.21

"왼뇌가 망가지면 오른뇌가 대신한다", 〈The Science Times〉,
2006.07.26.

"스트레스 해소법 1위 '독서'…6분 만에 '68%' 감소", 〈중앙일보〉,
2015.01.23.

"박항서감독은 무보수 임시직?", 〈동아일보〉, 2002.09.09.

"베트남 공무원 월급 30만원인데, 박항서호에 포상금 수억원", 〈중앙
일보〉, 2018.12.17.

"교육 현장 속 피그말리온 효과", 〈울산신문〉, 2014.06.16.

"유튜브, 실제 경험보다 더 큰 경험", 〈시빅뉴스〉, 2019.03.27.

"언어 습득에 필요한 정보량을 알아냈다", 〈한겨레〉2019.04.03.

■ 국내사이트

"외재적 동기와 내재적 동기", 〈자연주의 인본사상〉, 2017.08.30.

"유튜브 중독, 원인은 관계에 있다", 〈웅작가〉, 2020.05.17.

"감정은 힘이 세다…제3자 시각에서 마음을 관찰하고 대화하라", 〈피
렌체의식탁〉, 2020.09.18.

"부정을 키우는 스티그마 효과 (=낙인효과)", 〈Warm Speech〉, 2017.04.26.

"플라시보 효과의 의미와 사례", 〈Warm Speech〉, 2017.04.23.

"박항서", 〈위키백과〉, 2020.11.17.

"피그말리온", 〈위키백과〉, 2020.01.21.

■ **단행본**

『내 아이를 망치는 위험한 칭찬』, 정윤경, 김윤정, 담소

『똑똑해지는 뇌 과학법』, 김호진, Ritec Contents

『엄마 심리 수업』, 윤우상, 심플라이프

『엄마표 영어 17년 보고서』, 남수진, 청림Life

『현서네 유튜브 영어 학습법』, 배성기, 넥서스

『엄마표 다개국어』, 서연맘 이지나, 지식너머

『그림책과 유튜브로 시작하는 5·6·7세 엄마표 영어의 비밀』, 양민정, 소울하우스

『이 순간의 나』, 에크하르트 톨레, 센시오

『꿈을 이룬 사람들의 뇌』, 조 디스펜자, 한언

『아주 작은 습관의 힘』, 제임스 클리어, 비즈니스 북스

『부모라면 유대인처럼 하브루타로 교육하라』, 전성수, 위즈덤하우스

『들어주고, 인내하고, 기다리는 유대인 부모처럼』, 장화용, 스마트비즈
니스

『보통 엄마를 위한 기적의 영어 육아』, 이성원, 길벗

『영어책 읽기의 힘』, 교광윤, 길벗

『느리게 어른이 되는 법』, 이수진, 지식너머

『틀 밖에서 놀게 하라』, 김경희, 쌤앤파커스